1. 金山区廊下镇农林水乡，汲取先民智慧的都市郊野建设重现记忆中的乡村。

2. 仔细看，河岸上为什么有密密麻麻的小洞？（参见 P115）

3. 大都市的夜色灯火辉煌，但是我们也需要黑夜和星空。

4. 华东师范大学生态岛上的近自然林，发现和城市常见的人造林有什么区别吗？（参见 P27）

5. 左图为长宁区虹旭社区生境花园，右图为徐汇区漕溪北路上影广场口袋公园。你家 15 分钟生活圈内一定也有这样的好去处！

6. 长宁外环林带生态绿道，一个个"环上公园"正在串联起美丽的上海

"**60**岁开始读"
科普教育丛书

美丽上海建设，我能做什么

上海市学习型社会建设与终身教育促进委员会办公室 / 指导
上海科普教育促进中心 / 组编

主编　陈雪初　石传祺

上海科学技术出版社
上海教育出版社
上海交通大学出版社

图书在版编目(CIP)数据

美丽上海建设,我能做什么 / 上海科普教育促进中心组编 ;陈雪初,石传祺主编. -- 上海 :上海科学技术出版社 :上海教育出版社 :上海交通大学出版社,2024. 9. --("60岁开始读"科普教育丛书). -- ISBN 978-7-5478-6778-5

Ⅰ. X321.251

中国国家版本馆CIP数据核字第20244BT554号

美丽上海建设,我能做什么

("60岁开始读"科普教育丛书)

主编 陈雪初 石传祺

上海世纪出版(集团)有限公司
上 海 科 学 技 术 出 版 社 出版、发行
(上海市闵行区号景路 159 弄 A 座 9F-10F)
邮政编码 201101   www.sstp.cn
上海盛通时代印刷有限公司印刷
开本 889×1194 1/32 印张 5 插页 1
字数 55 千字
2024 年 9 月第 1 版 2024 年 9 月第 1 次印刷
ISBN 978-7-5478-6778-5/X·72
定价:20.00 元

内容提要

"绿水青山就是金山银山"，良好的生态环境是经济长期可持续发展的重要保障和潜在资本。对老年朋友来说，良好的生态环境也是幸福晚年的基础。

本书从目前存在的生态和环境问题、人与动植物的关系、生态环境恢复措施等角度切入，紧扣国家生态文明建设与上海生态城市建设，讲解老年朋友关心的众多知识点。其中既有当下争议的焦点和热点，也有长期以来的认识误区。帮助读者提高科学素养，践行绿色生活。

本书编委会

主　编

陈雪初　石传祺

编　委

周欣雨　张美惠　刘宇轩　柴恩平

摄　影

陈雪初　石传祺　徐海麟　张文菁　张　斌

总　序

　　党的二十届三中全会提出，要推进教育数字化，赋能学习型社会建设，加强终身教育保障。为进一步全面深化改革、在推进中国式现代化中充分发挥龙头带动和示范引领作用，近年来，上海市终身教育工作以习近平新时代中国特色社会主义思想为指导、以人民利益为中心、以"构建服务全民终身学习的教育体系"为发展纲要，稳步推进"五位一体"总体布局和"四个全面"战略布局。在具体实施过程中，坚持把科学普及放在与科技创新同等重要的位置，强化全社会科普责任，提升科普能力和全民科学素质，充分调动社会各类资源参与全民素质教育工作，为实现高水平科技自立自强、建设世界科技强国奠定坚实基础。

　　随着我国人口老龄化态势的加速，如何进一步提高中老年市民的科学文化素养，尤其是如何通过学习科普知识提升老年朋友的生活质量，把科普教育作为提高城市文明程度、促进人的终身发展的方式已成为广大老年教育工作者和科普教育工作者共同关注的课题。为此，上海市学习型社会建设与终身教育促进委员会办公室组织开展了中老年科普教育活动，并由此产生了上海科普教育促进中心组织编写的"60岁开始读"科普教育丛书。

　　"60岁开始读"科普教育丛书，是一套适宜普通市民，尤其是中老年朋友阅读的科普书籍，着眼于提高中老年朋友的科学素养与健康文明生活的意识和水平。本套丛书为第十一套，共5册，分别为《美丽上海建设，我能做什么》《睡不着，怎么办》《生存技巧知多少》《如何玩转小视频》《智慧医疗将改变我们的生活》，内容包括与中老年朋友日常生活息息相关的科学资讯、健康指导等。

　　这套丛书通俗易懂、操作性强，能够让广大中老年朋友在最短的时间掌握原理并付诸应用。我们期盼这套书不仅能够帮助广大读者朋友跟上时代步伐、了解科技生活，更自主、更独立地成为信息时代的"科技达人"，也能够帮助老年朋友树立终身学习观，通过学习拓展生命的广度、厚度与深度，为时代发展与社会进步，更为深入开展全民学习、终身学习，促进学习型社会建设贡献自己的一份力量。

前 言

上海，中国特大的经济、金融、贸易、航运、航空、港口城市，高楼林立、路网发达、南来北往、川流不息的人潮、车流、船舶、火车、飞机，给城市烙上了喧嚣匆忙的印记。

承载着这些负荷的城市，曾经付出过河道黑臭、土地退化、蓝天消失、乡土动植物锐减等生态环境代价。但是你发现吗？上海的天空正在变得蔚蓝，河道越来越清澈，身边能让你静下来、慢下来的公园、绿道越来越多，还时不时能看到"土著邻居"——小型野生动物的身影。是的，上海的生态环境正在显著改善，身处其中的我们是这些变化的见证者、受益人。

人们常常说：何其有幸，生于华夏；而这本书中讲述的故事，却让我们感慨：何其有幸，居于上海。你也许已经是社区生境花园建造的积极分子，但还没参观过重现儿时记忆、充满勃勃生机的农林水乡；你也许会感慨繁花似锦的口袋公园如此美丽，但又会疑惑那些无人打理、杂草丛生的荒地那么"丑"，为什么不一起美化美化？你也许会欣喜附近又开了一家时尚购物中心，但又讨厌它的反光玻璃幕墙、彻夜不息的大电子屏……

视觉美和生态美，城市人居环境和自然生态系统，现代人和野生动植物，怎样才能和谐共生？这本书，集中展示了上海这座人民城市致力于生态建设所带来的高幸福指数，同时也想告诉你，美丽的上海，未来要建设成为人与自然和谐共生的国际化大都市，需要每一位市民都参与进来，共同出力！

目　录

▶ 二、动植物与我们和谐共生　043

▶ 三、生态环境改善让生活越来越美好 101

一

生态环境和我们息息相关

1 我们身边的"绿水青山"

场 景

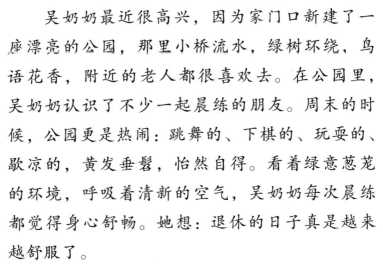

吴奶奶最近很高兴，因为家门口新建了一座漂亮的公园，那里小桥流水，绿树环绕，鸟语花香，附近的老人都很喜欢去。在公园里，吴奶奶认识了不少一起晨练的朋友。周末的时候，公园更是热闹：跳舞的、下棋的、玩耍的、歇凉的，黄发垂髫，怡然自得。看着绿意葱茏的环境，呼吸着清新的空气，吴奶奶每次晨练都觉得身心舒畅。她想：退休的日子真是越来越舒服了。

吴奶奶家门口的公园是上海生态环境建设的一个缩影，也是中国生态文明建设的一个缩影。

工业革命之后，城市化进程加快，社会生活发生了翻天覆地的变化，但经济水平和物质享受提高的同时，人类也付出了生态环境被破坏的代价。环境污染、生态破坏、全球变暖、生物多样性退化……严重的环境问题已经对人类造成了威胁和危害。如果我们继续毫不节制地开采地球资源，如果我们仍旧肆意地向环境排放污染，如果我们依然不转变发展模式，继续以环境为代价发展，等待我们和子孙后代的，将会是什么样的未来？

我们痛定思痛，开始转变态度，着手解决生态环境问题。我们投入大量的时间、人力、资源、资金来弥补曾经的过错，治理环境污染、恢复自然生态、减少生产生活对自然的破坏。中国在这方面已经取得了非凡的成就，例如上海，截至 2023 年底，全市绿地面积达 17.32 万公顷，人均公园绿地9.2 平方米，森林覆盖率增至 18.81%；苏州河经过四期综合治理，已经消除黑臭，达到五类水标准；2023 年生活垃圾回收利用率已经达到 43%。一切指标向好发展。但这也给人们留下了刻板印象：发展会破坏环境，发展要让步于环境，发展的结果要用来保护环境。可是，经济发展和生态环境保护一定是对立关系吗？2005 年 8 月，时任浙江省委书记的习近平同志在浙江安吉的余村考察时，首次提出"绿水青山就是金山银山"的重要理念。绿水青山既是自然财富、生态财富，又是社会财富、经济财富。事实上，生态环境保护和经济发展是辩证统一的关系。

一方面，良好生态本身蕴含着无穷的经济价值，只要找对利用方式，就能够源源不断、事半功倍地创造综合效益。农村地区可以依托良好的生态环境，发展"生态+"产业——生态养殖、生态旅游、生态文化等，实现生态效益、经济效益、社会效益同步提升。在城市，良好的生态也可以带来经济的高质量发展，因为芯片等高新技术产业都需要优质的水源和空气，好的生态环境能够成为强大的招商引资动力。在习近平生态文明思想的引领下，中国不断推进生态环境治理和"生态+"产业建设。实践证明，保护生态环境就是释放经济社会发展潜力。

另一方面，鱼逐水草而居，禽择良木而栖。如果其他各方面条件都具备，谁不愿意到绿水青山的地方来投资、发展、工作、生活、旅游？上海长风生态商务区曾经是老工业区，污染严重，环境恶劣，人们都不愿意在这里买房。直到 2003 年后，上海政府对长风工业区进行综合整治，迁走工厂、治理环境、建设园区，这里的房价开始迅猛增长。但即使这地方寸土寸金，仍旧沿苏州河 2.7 千米黄金水岸建设了 80 米至 130 米宽的绿色长廊，每到周末都能看见不少市民一家人带着帐篷在草坪上野餐。我们看到，从工业区到居住区再到绿化区，不仅经济飞速发展，居民的生活幸福指数也显著提高。

我们既不能让发展牺牲环境，也不能让环境阻碍发展。要牢固树立"绿水青山就是金山银山"的理念，转变思路，发挥生态环境对于经济社会发展的促进作用，甚至让环境成为经济增长的主力军。未来，我们一定能走出一条生态美、生活美的幸福发展之路。

2 保护"生态"与"环境"，从小事做起

场景

"在昨天的国务院例行吹风会上，生态环境部总工程师刘炳江介绍，在计划中基于空气污染状况和污染传输影响，此次优化调整了大气污染防治的重点区域……"李大爷在家看新闻，听到"生态环境部"感觉有些耳生，老伴解释称："生态环境部呀，就是以前的环境保护部。"李大爷纳闷：两字之差，保护环境不就是保护生态吗，生态和环境有啥区别？

　　"环境"就是某个主体周围的所有东西。这个主体可以是人，也可以是动物或植物。"环境"这个词包含的范围很广，包括了自然环境、社会环境和经济环境等。比如说，我们常常提到的"环境污染"，

就是指自然环境里的一些不好的东西对人或其他生物造成了坏的影响。

"生态"则是说生物与其他生物，或生物与它们周围的环境的关系。它主要是看生物和环境是怎么互相作用和保持平衡的。比如说，它要看生物怎么从环境里获取能量，物质是怎么在生物和环境之间流动的，还有生物和环境之间是怎么传递信息的。要判断生态好不好，我们可以用一些专业的生物多样性指标来衡量。

在自然科学领域，"环境科学"主要研究的是人周围的自然环境；而"生态学"的研究则不一定以人为主体，比如可以研究一个物种是如何适应环境的，以及动物和植物物种之间的互利共生关系。

人类活动对"生态"和"环境"都会产生不良影响，从而造成"生态破坏"和"环境污染"。狭义而言，"生态破坏"是指人类活动直接作用于自然生态系统，造成生态系统的生产能力显著减少和结构显著改变，从而对人类生存发展以及环境本身发展产生不利影响的现象。如过度放牧引起草原退化，滥采滥捕使物种灭绝和生态系统的生产能力下降等。

"环境污染"则指人类活动的副产品和废弃物进入物理环境后，对生态系统产生的一系列扰乱和侵害，而由此引起的环境质量的恶化反过来又影响人类自己的生活质量，包括水污染、大气污染、土壤污染等。但是很多时候，我们也并不严格区分二者。常常是环境污染导致了生态破坏，环境和生态问题共同出现，也需要共同治理。

以往，环保事业的关注重点是环境污染。实际上生态破坏对人类的危害不低于环境污染，比如新冠肺炎疫情，就很可能是生态失衡促使病毒传播的结果。近几年，我们国家对生态问题越来越重视。《中华人民共和国民法典·侵权责任编》将"环境污染责任"的章名修改为"环境污染和生态破坏责任"，将生态破坏纳入了环境侵权责任的范围，这个改变的意思就是，生态被破坏也要负责，跟环境污染一样。"环境保护局"也改名为"生态环境局"，新名称更贴近环境和生态都需要保护的本质。它的职责不仅仅是保护环境，还包括保护不同种类的生物、应对气候变化等。现在，农业、海洋、水利等各个部门的工作都统一归生态环境局来管理，这样

积极践行
垃圾分类

餐后打包

植树

使用环保袋

少量衣物改
机洗为手洗

就不会出现多个部门都管或者都不管的混乱情况。昭示着环保事业进入了一个新的发展阶段，体现了政府对生态环境保护的重视。

不论是政府部门挂新牌还是法律条例修订，近些年方方面面的变化都显现出我国对生态环境的重视程度和大众对生态环境的认知在不断提高。思维水平提高了，行动也要跟得上。我们在日常生活中，为了保护生态和环境，可以减少塑料袋的使用，买菜多用环保购物袋，平时拧紧水龙头，做好垃圾分类……保护生态环境，从小事做起，从你我做起。

3 上海的 12 月竟然 22℃，这就是"暖冬"吗

场景

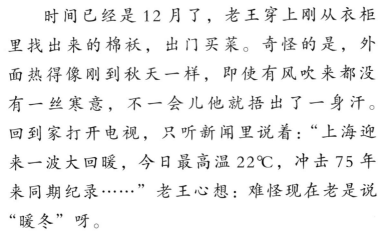

时间已经是 12 月了，老王穿上刚从衣柜里找出来的棉袄，出门买菜。奇怪的是，外面热得像刚到秋天一样，即使有风吹来都没有一丝寒意，不一会儿他就捂出了一身汗。回到家打开电视，只听新闻里说着："上海迎来一波大回暖，今日最高温 22℃，冲击 75 年来同期纪录……"老王心想：难怪现在老是说"暖冬"呀。

2023 年 12 月 14 日，上海的最高气温达到了 22℃。在 12 月的中旬出现这样的高温，自 20 世纪 50 年代来还是首次。不过，"暖冬"判定的基本依据是冬季三个月的平均气温，那一次的高温只是寒潮来临前暖气团的暂时"反扑"，不能说明整个冬季就会异常偏暖。尽管如此，全球气候变暖已经是不争的事实。

截至目前，地球表面的平均温度已经比工业革命前的19世纪末升高了1.1℃，达到了历史的最高

温室气体和温室效应

科学家们指出，人类活动造成的温室气体排放是目前全球变暖的"元凶"。大气中的温室气体包括二氧化碳、甲烷等，它们能够强烈吸收地表发射的长波辐射，从而减少地球表面热量向太空中的散失，起到为地球保温的作用。这种作用称为"温室效应"。温室气体对维持地球表面的宜居温度是非常重要的。研究表明，如果没有温室气体，地球表面的温度将从现在的15℃左右下降到−18℃左右，地球将变成一个"大冰球"。

水平。过去十年（2011—2020年）是有记录以来最温暖的十年，而最近40年中，任何一个十年的平均气温都比1850—1980年的任何一个十年更高。不仅平均气温在不断升高，而且气温升高的速率之快也是前所未有的。

然而，自工业革命以来，燃烧化石燃料、砍伐森林等人类活动使温室气体的排放大大增加，打破了原有的能量平衡。地球从太阳吸收的能量多，而释放到太空的能量少，进入了"发烧"状态。燃烧化石燃料（煤、石油、天然气等）会向大气中排放大量的二氧化碳；而森林等植被的减少，使这些二氧化碳更难通过植物的光合作用被吸收。大家可能意想不到的是，畜牧业也是温室气体排放的大头。牛、羊等反刍动物在肠道消化的过程中会产生大量的甲烷，并通过打嗝排出体外；它们粪便分解的过程也会排放甲烷。甲烷在大气中的含量虽然低于二氧化碳，但它是比二氧化碳强效得多的温室气体。

随着全球变暖，我国出现暖冬的频率也越来越高了。在1951年至2018年出现的20个全国性暖冬中，有 18 个是出现在 1985 年后的。此外，厄尔尼诺现象也与暖冬的出现有一定的联系。厄尔尼诺现象指的是赤道太平洋东岸海温的异常升高，它的发生发展常导致我国冬季气候的异常。

暖冬使植物的生长季延长，看似是不错的结果；但也会导致病毒和害虫无法被低温杀灭，各种疫病频发。气候变暖则在更多方面威胁着全球的生态系统。比如，很多物种的分布区向更高纬度迁移，而本来就生活在高纬度地区的物种则面临着灭绝；更多的二氧化碳溶解在海水中，使海洋酸化，威胁着海洋生物的生存。

4 如何看待"极端天气越来越多"的现象

场景

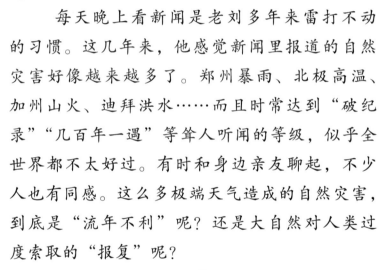

每天晚上看新闻是老刘多年来雷打不动的习惯。这几年来,他感觉新闻里报道的自然灾害好像越来越多了。郑州暴雨、北极高温、加州山火、迪拜洪水……而且时常达到"破纪录""几百年一遇"等耸人听闻的等级,似乎全世界都不太好过。有时和身边亲友聊起,不少人也有同感。这么多极端天气造成的自然灾害,到底是"流年不利"呢?还是大自然对人类过度索取的"报复"呢?

首先,我们要知道"天气"和"气候"的区别。天气指的是大气在短时间内的状态,用来衡量这一状态的气象要素有气温、气压、湿度、风速、风向等。而气候是某一地区大气的多年平均状态。天气是瞬息万变的，而气候是有序发展的、有规律可循的。极端天气，是相对罕见的、对人类社会和生态系统产生破坏的天气现象的统称。在大尺度上，极端天气包括极端高温、极端低温、极端降水、极端干旱等；而在中小尺度上，还包括冰雹、龙卷风、雷暴、热带气旋（又包括台风、飓风）等。

了解了极端天气的类型，接下来我们可以确定的是：近年来全球的极端天气确实越来越多，而且极端天气的强度确实增大了。联合国政府间气候变化专门委员会（IPCC）在 2021 年发表的报告中指出，人类活动导致的气候变化正在使极端天气变得更频繁和严重。气候变化主要表现为全球变暖。自 20 世纪 50 年代以来，在所有有人居住的地区，极端高温事件都变得更多、更强烈；而极端低温变得更少、更温和。世界上大部分地区都出现了更强的极端降雨，增加了洪灾的风险；而一些地区则出现了更严重的干旱。在热带地区，热带气旋的最大强度变得更大。

极端天气使一些本就脆弱的生态系统"雪上加

霜"。比如，山火本来是澳大利亚生态系统的组成部分，许多生物都演化出了对火的适应策略，周期性的山火能促进植被的更新。然而，2019—2020年的极端干热天气使澳大利亚的山火持续燃烧了四个月之久，席卷了考拉的栖息地，造成两万多只考拉丧生。而森林栖息地被道路、农田和城市切割破碎，使考拉种群更难恢复。

那么，全球变暖到底为什么会使极端天气增多呢？笼统而言，全球变暖打乱了地球的能量平衡，使气候变得不稳定，扰动和极端事件增多。具体而言，科学家们目前达成的共识是：全球变暖使大气中的水汽含量增加，从而使许多地区降水强度增大。发表在 *Nature Water*（《自然 - 水》）上的一项研究认为：全球水循环的扭曲将成为气候变化最显著的后果之一。全球变暖导致海水表面温度上升，蒸发效率提升。因此，通过气流从海洋输送到陆地的水汽也会更多，水循环持续加强，为强降水提供了更多的水分来源。研究表明，空气温度每上升 1℃，大气中水分就可增加 7%。

全球变暖不仅会使全球各地的降水量增多和降

水强度增大，还会使一个地区在一段时间内的降水更加不均匀。此外，全球变暖的另一个直接影响是台风路径的北移，使台风能够深入更北边的内陆地区。2021年的郑州暴雨事件，背后就有台风的因素在"作怪"。

然而，除了降水以外，其他类型的极端天气与全球变暖的联系目前仍不明朗。气候科学家们于2015年创建了"世界天气归因组织"，专门研究全球变暖对极端天气的作用，希望为应对不断变化的未来提出建议。

5 保护生物多样性，我能做什么

生物多样性，我们可能经常听到这个词，但或许不太清楚它究竟意味着什么，以及为什么我们要保护它。

生物多样性，简单来说，就是指地球上所有生物种类和生态系统的多样性。它包括了从微小的细菌到庞大的鲸鱼，从绿色的森林到蓝色的海洋，以及其中各种各样的生物和它们所构成的复杂生态系统。生物多样性是大自然的宝库，是我们地球生命的基石。

生物多样性对于维持生态平衡至关重要。生态平衡是指生态系统中各种生物和环境因素之间相互制约、相互依存的关系。当生物多样性丰富时，各种生物之间可以形成复杂的食物链和食物网，从而保持生态系统的稳定。这种稳定不仅关系到自然界的各种生物，也直接影响到我们人类的生活。比如，森林里的树木可以净化空气，调节气候；湿地可以净化水源，防止洪涝灾害。这些都是生物多样性带给我们的直接好处。

许多我们日常食用的植物和动物都来源于丰富的生物多样性。比如，我们常吃的稻米、小麦、玉米等农作物，以及各种水果、蔬菜和肉类，都是生物多样性的产物。此外，许多药物也来源于自然界的生物。例如，青蒿素就是从黄花蒿这种植物中提取出来的，对于治疗疟疾有着显著的效果。如果我们不保护生物多样性，那么这些宝贵的食物和药物来源就可能面临枯竭的风险。

生物多样性还有助于减缓气候变化。生态系统中的植物通过光合作用吸收二氧化碳，有助于减缓温室效应。同时，森林和湿地等生态系统还能储存大量的碳，有助于稳定全球气候。因此，保护生物多样性也是我们应对气候变化的重要举措之一。

除了上述的实用价值外，生物多样性还具有深厚的文化意义。在许多传统文化中，自然界的各种生物都被赋予了特殊的象征意义。比如，在中国传统文化中，松、竹、梅被誉为"岁寒三友"，象征着坚韧不拔、傲骨铮铮的精神品质。这些文化传统不仅丰富了我们的精神世界，也让我们更加敬畏和尊重自然。

保护生物多样性并不仅仅是为了我们自己，更是为了我们的子孙后代。如果我们不珍惜和保护生物多样性，那么我们的后代可能再也无法享受到大自然的恩赐。他们可能无法亲眼看到美丽的蝴蝶翩翩起舞，无法听到鸟儿欢快的歌声，甚至无法品尝到各种美味的食物。这是我们无法接受的遗憾和损失。

那么，我们能为保护生物多样性做些什么呢？其实，我们每个人都可以从日常生活中的小事做起。

 **这样做**

我为生态保护出一份力

- 减少使用塑料袋和一次性用品，从而减少塑料垃圾对海洋生物的威胁。
- 选择购买有机食品和环保产品，从而支持可持续的农业生产方式。
- 参与社区的环保活动，比如植树造林、清理垃圾。

……

为改善生态环境贡献自己的一份力量。

6 卫星图像显示我国"越来越绿"了，是生态环境改善了吗

场景

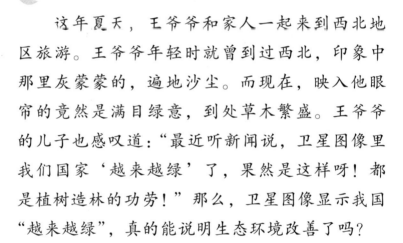

这年夏天，王爷爷和家人一起来到西北地区旅游。王爷爷年轻时就曾到过西北，印象中那里灰蒙蒙的，遍地沙尘。而现在，映入他眼帘的竟然是满目绿意，到处草木繁盛。王爷爷的儿子也感叹道："最近听新闻说，卫星图像里我们国家'越来越绿'了，果然是这样呀！都是植树造林的功劳！"那么，卫星图像显示我国"越来越绿"，真的能说明生态环境改善了吗？

近年来，随着科技的飞速发展，卫星遥感技术被广泛应用于生态环境监测领域。通过卫星图像，我们可以清晰地看到我国各地的植被覆盖情况、水体质量、空气质量等生态环境指标的变化。而近期，

多家媒体纷纷报道，根据卫星图像显示，我国的植被覆盖面积逐年增加，许多地区呈现出"越来越绿"的态势。这一消息无疑让许多人感到振奋，但同时也引发了一些疑问：这真的是生态环境改善了吗？

我们首先来了解一下卫星图像是如何反映生态环境变化的。卫星图像是通过卫星搭载的传感器拍摄地面景物得到的照片，这些照片经过处理和分析后可以提取大量信息，包括植被覆盖、土地利用、水体分布等。通过对比不同时间段的卫星图像，我们可以观察到生态环境的变化趋势。

那么，卫星图像显示我国"越来越绿"了，是否就意味着生态环境变好了呢？总体而言，答案是肯定的。植被是生态环境的重要组成部分，它不仅能够吸收二氧化碳、释放氧气，还能够保持水土、调节气候、涵养水源、美化环境。因此，植被覆盖面积的增加对生态环境有着积极的影响。而这样的变化，很大程度上源自我国多年来对于生态文明建设和绿色发展战略的坚持。

然而，我们也要清醒地认识到，生态环境的改善并不是一蹴而就的。一方面，植被的增加并不能完全反映生态环境的改善。相关研究表明，2000—2017 年期间，我国新增植被面积中，有 42% 的新增面积是森林，有 32% 是农业用地。虽然农田的扩张也会使得植被覆盖增加，但在开荒垦田的过程中，原有的生态系统往往会遭到破坏。另一方面，许多人工种植的防护林存在树种单一、自我维持能力差、生态效益低等问题。比如，三北地区的农田防护林建设时，为了尽快看到成效，几乎清一色选用了速生的杨树。这样建成的防护林抗病性低，病虫害容易大规模传染，无法自我维持。又如，一些干旱、风沙大的地方原生植被是以低矮灌木为主的，但植树造林时没有做到"适地适树"，盲目种植大量乔木，造成树苗成活率低下。并且，乔木的生长耗水量过大，使地下水位下降，反而加剧干旱。

此外，尽管我国的植被覆盖率在提高，但我们仍面临着许多生态环境问题。例如，一些地区的空气污染、水污染等问题依然严重；一些珍稀濒危物种尚未得到充分的保护，其生存环境仍然堪忧；一些地区的生态系统仍然脆弱易损。要想解决这些问题，我们还需要持续不断的努力和付出。

当然，生态环境的改善不仅仅是一个国家的责任，更是全人类的共同使命。在全球化的今天，各国之间的生态环境问题相互影响、相互依存。因此，我们需要加强国际合作，共同应对生态环境问题。只有全球各国齐心协力、共同努力，才能够实现生态环境的可持续发展和人类的共同繁荣。

7 城市森林建设，把时间交给自然

在景区爬山时我们也许会发现，即使在同一地区，天然森林和公园内的人工森林也会有很大的差异。比如，香樟、悬铃木、水杉等上海非常普遍的绿化树种，到了相距不远的天目山，在天然森林中就几乎完全见不到了。这些绿化树种，有些是从国外引入的，如悬铃木等；有些虽然原产于本地，但在野外并不常见，是绿化种植才让它们"发扬光大"的，如香樟。

大家更意想不到的是，自然状态下上海的冬天可能并不像现在这样萧瑟。上海属于亚热带季风气候，地带性植被以常绿阔叶林为主。顾名思义，常绿阔叶林在冬天也是"发旧"的绿色，而不是光秃秃的。但是绿化建设时，为了能够观赏绚丽秋叶，营造四季更替的新鲜感，城市里种植了大量的落叶树种，与天然植被完全不同了。

除了树种与天然森林差异很大，人工建设的森林常有生物多样性低、自我维持能力差等缺陷，正如上一个问题中所提到的。在上海的公园中，我们经常可以看见成片的香樟纯林。为了整齐美观，林下要么空无一物，要么覆盖着麦冬等单一的草本绿化，自然生长的灌草和树木幼苗都被人工拔除了。这样的森林，首先面临的就是病虫害容易集中暴发，因此必须使用大量的农药，与植树造林改善生态的初衷背道而驰。其次，单一的树种无法给各种各样的动物提供合适的食物来源和栖息环境，树林看似绿油油的，其实里面的生物多样性却比较差。此外，由于缺乏自我繁殖的幼苗，林冠层的大树死亡后只能靠人工补栽，森林没有形成一个可持续发展的系统。

近自然林

为了解决以上问题，现在提出了"近自然林"的概念，要营造接近自然的人工林。它的基本理念是：根据"适地适树"的原则选取合适的乡土树种，种植较小的树苗，遵循植被演替的自然规律让森林生长更新，不加以过多的人工干预。最终目标是恢复当地的潜在自然植被——在上海就是常绿阔叶林。

然而要知道，我们目前所看到的自然植被也并非一成不变的。比如在一片荒地上，首先出现的是寿命短的草本植物，随后喜光、速生的落叶树开始生长。但落叶树林长成后，它们自己的幼苗却无法在林下成活，反而是耐阴的常绿树能够在林下生长。所以，常绿树最终会取代落叶树，成为该地区的优势物种。这就是常绿阔叶林演替的一般规律。

近自然林的营造就是要模拟这样的规律，把森林作为一个动态的有机体而不是一个静态的景观来看待。不追求森林的"速成"，而是更多地将时间交给自然。比如，按照"异龄-复层常绿落叶混交"的方式，将年龄较大的落叶树幼苗和年龄较小的常绿树幼苗混交种植。这样，生长更快的落叶树能够为不耐强光的常绿树起到"遮阳伞"的作用。它们死亡后，也可以分解成为其他树木的肥料。如此营造的近自然林，树种丰富，层次结构完整，林下的幼苗成为森林自我更新的储备。

近自然林为野生动物提供了丰富多样的生境，种植的乡土树种也与本土动物的需求更加匹配。在华东师范大学闵行校区的近自然林里，生物学和生态学专业的同学们就经常能够发现校园鸟类和昆虫的新纪录。

8 "生态"食品和普通农场产品有什么区别

场景

杨阿姨在超市买菜时发现，大米、蔬菜等只要打上了"生态""有机"的标签，一下子就比普通产品贵了不少。可是，女儿一家却专喜欢挑"生态"食品买。杨阿姨忍不住嗔怪女儿"不会过日子"，女儿却说："我们多花一点钱，能吃得更健康、更安全，何乐而不为呢？"

生态农场的产品与普通农场的产品有什么不同呢？要回答这个问题，我们首先需要理解"生态农场"一词的含义。

相比普通农场，生态农场具有其鲜明的特点。简而言之，生态农场在运营时会全面考虑到自然规律和经济规律，追求通过合理利用能源提高生产效

生态农场

按照 2020 年农业农村部《生态农场评价技术规范》中给出的定义，生态农场指的是依据生态学原理，遵循"整体、协调、循环、再生、多样"原则，通过整体设计和合理建设，采用一系列可持续的农业技术，将生物与生物以及生物与环境间的物质循环和能量转化相关联，对农业生物－农业环境系统进行科学合理的组合与管理，以获得最大可持续产量，同时达到资源匹配、环境友好、食品安全的农场。

益，同时保护环境，维护生态平衡。因此，在全球环境问题被高度重视的当下，生态农业已成为国内外农业生产普遍认同的发展方向。

生态农场与普通农场的最大区别在于生产理念。普通农场往往片面追求产量和经济效益，通过大量使用化肥、农药等手段来提高农作物的产量。然而，这种做法不仅会对土壤、水源等环境造成污染，还可能对人体健康产生危害。生态农场则强调生态平衡和可持续发展，通过合理利用自然资源、采用生态技术等方法来生产农产品，力求在投入端减少资源消耗，在过程中减排降碳，在产出端既注重物质产出，又关注生态环境影响与社会效益。正如一些生态农场在运营时坚持的"六不用"原则：不用化肥、不用农药、不用农膜、不用添加剂、不用除草剂、不用转基因技术。

生态农场与普通农场的生产环境也有区别。生态农场通常建立在自然环境优美、空气质量良好、水源充足的地区。同时，生态农场往往会利用当地特有的生态资源，如林地、湿地等，为农作物提供天然的生态屏障。普通农场则往往缺乏对环境的保护和合理利用，甚至可能因为过度开发而导致生态环境恶化。

再者，两种类型的农场在生产方式上也有着相当显著的差异。生态农场在生产过程中注重生态技术的运用。例如，采用有机肥替代化肥、生物农药替代化学农药等方法，减少对环境的污染和破坏。又如，利用生物链的原理，通过养殖畜禽、种植绿肥等方式来循环利用资源，实现农业生产的高效、环保。而普通农场则往往采用传统的生产方式，大量使用农药、化肥，忽略其潜在的负面影响。

正是由于生态农场各方面的先进性，其产品在市场上才有了得天独厚的优势。相比于普通农场产品，一方面，化肥、农药的淘汰意味着生态农业产品具有更高的安全性，人们可以放心食用而不必担心有害物质残留；另一方面，优越的生产环境使产品得以达到较高的品质，因此生态农产品往往有着更好的口感和营养成分。也难怪这些产品能得到消费者的此般青睐！

现如今，环保可持续发展已成为国家战略的重要部分。在此背景下，生态农业生产模式正是一项国家为实现"双碳"目标所推行的重要举措。大家在选择农产品时，可以优先考虑生态农场的产品，在支持环保事业和可持续发展的同时享受更加安全、健康、环保的生活。

9 早上锻炼还是晚上锻炼更好

场景

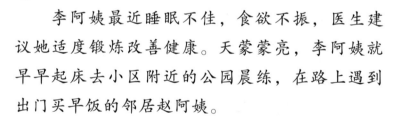

李阿姨最近睡眠不佳，食欲不振，医生建议她适度锻炼改善健康。天蒙蒙亮，李阿姨就早早起床去小区附近的公园晨练，在路上遇到出门买早饭的邻居赵阿姨。

"今天这么早哇！"赵阿姨寒暄道。

"唉！早起锻炼！"

"晨练？昨天我看到那健康养生小视频说户外晨练对身体有害，不如晚练。"

"这里面还有讲究？"李阿姨有点搞不明白了，晨练真的不如晚练吗？不是说早上是阳气生发的大好时机，空气清新适合户外锻炼吗？自己明天要晨练还是晚练呢？

其实晨练和晚练哪种更好并没有定论。是否适合锻炼取决于两方面，一个是自己的身体状况，另一个是环境条件。环境条件的好坏涉及植物光合呼吸的生态过程和一个气象学的现象。

一般来说，我们人类时刻进行着呼吸，是为了吸入空气中的氧气，氧化体内的营养物质释放能量来为生命活动供能，排出人体代谢产生的二氧化碳。氧气来源于植物的光合作用。植物在光照下吸收二氧化碳进行光合作用，将其加工转变为自身生长所需要的养分储存在体内，比如淀粉，所以小草才能够长大，树才会变高。植物在这个过程中会释放氧气，因此我们常说"植物能够吸收二氧化碳，释放氧气"。但是植物会一直"吸收二氧化碳，释放氧气"吗？其实并不然。植物像人类一样，也需要吸收氧气进行呼吸作用，氧化储存的营养物质释放能量维持生命活动，这个过程会释放二氧化碳，所以植物也会"吸收氧气，释放二氧化碳"，并且这个过程是时刻进行的。

当太阳升起，植物同时进行光合作用和呼吸作用，但是光合作用强度大于呼吸作用，植物释放的氧气量大于吸收的氧气量，因此会使空气中的氧气浓度升高。当太阳落山，在没有光照的条件下植物无法进行光合作用，只会进行呼吸作用释放二氧化碳。所以在清晨日出之前，空气中的二氧化碳浓度经过一晚的积累，是一天中最高的，尤其是植物茂密的区域，所以晨练应该尽量避开这些区域。

另一方面，早上近地面容易形成逆温层。逆温层是指上部空气温度比下部空气温度更高的现象，它会使大气稳定，空气流动性差，污染物难以扩散，空气中颗粒物和病原体比较多，大量吸入容易使人感染致病。但是在日出之后，植物就会开始进行光合作用，大气中的二氧化碳浓度会逐渐降低；逆温层也会逐渐消失，污染物也会逐渐消散。

这样做

晨练选好时间，保持习惯

- 晨练"赶迟不赶早"，等太阳出来再进行锻炼对健康更有利。

- 晨练还是晚练没有绝对的好坏之分，若是已经习惯了早晨锻炼身体，没必要强行改成晚间运动，只要能够坚持进行适量的运动，身体一样会获益。

10 从"毒地块事件"看土壤污染

场景

2023年末，一则新闻迅速冲上热搜，就是某地"毒地块事件"。一句话概括，即上海某集团在某地买了一块地，建好房子和学校后，却被曝光出这是一块被污染的"毒地"。

回溯到 2016 年，该集团花了 85.25 亿购买这块原工业用地，并把住宅、幼儿园、健身公园都盖了起来。但验收的时候，检测机构发现学校环境中萘和苯并芘等污染物严重超标。然后，购买该地的集团对所有地块做了检测，发现共有 14 个地块存在苯并芘和萘污染。这两种污染物为何让人大惊失色？因为，苯并芘出现在烧烤等烟熏食品中，有强烈的致癌作用，其机制类似黄曲霉毒素；萘通常存在于樟脑丸，也在 2 类致癌物清单中。烧烤食品、樟脑丸中苯并芘和萘的含量都较低，但在这块"毒地"中的浓度却严重超标！

这一"毒地块事件"是典型的土壤污染案件，而土壤污染一直是环境污染中的相对棘手的问题。

相比于大气污染、水污染、固体废弃物污染，土壤污染具有滞后性和隐蔽性。也就是说，土壤污染从产生到发现，再到成功治理，往往需要较长的周期。比如在 20 世纪初，美国爱河边的居民生活了 20 年后，才知道这块土地掩埋了两万吨化学废品。这期间有大量的居民患癌症、孕妇流产和胎儿畸形。但类似的悲剧却在世界上一次次上演。

这是因为，首先，土壤污染不像水变黑臭、空气变浑浊、垃圾滋生蚊蝇那样直观，一眼就能够看出来。土壤污染是很隐蔽的，需要专业人员来采样检测才能够发现。其次，土壤不能移动，因此其监测也不像水质监测和大气监测那样方便，可以选几个采样点来代表区域整体环境的质量。如何确认采样点的土壤被污染了？土壤监测不仅采样麻烦，检测费用还非常高昂。因此，土壤污染的发现往往滞后于其污染后果的发生，很多时候，被发现时一个地区的居民健康已经普遍受到损害。这时土壤污染对人体和环境的危害通常也难以挽回了。

土壤污染的治理也是一个难点。第一，土壤是生态系统的重要组成部分，并不是一个孤立的系统。雨水渗入土壤后，可以携带污染物进入河流，被污染的河水可以蒸发凝结成云，将污染带入天空。因此，当土壤污染被发现时，附近的水体、大气往往也被污染了。第二，土壤污染难以逆转，例如，被重金属污染的土壤可能需要 100~200 年才能恢复。因此，土壤污染一旦发生，仅仅处理掉污染源是不行的，要通过工程、化学、生物等各种方法修复土壤，甚至把受污染的土壤铲掉，换上干净的土。不论什么方法，都需要较高的成本和较长的周期才能成功。不过随着技术理念的发展，也出现了很多更加有效的案例。

把工业废地变成公园

上海政府处理废弃的工业用地的方法：在处理好污染后，在这块地上造景、植树、挖池塘，把它改造成景观公园。这样既可以构建一个健康的生态系统，让大自然慢慢地自我修复，又可以改善市容市貌，给居民提供一个可以休闲娱乐的地方。

我们可以看到，今天大众对环境污染的关注普遍提高，也能看到政府对环境污染的监管越发严格。土壤是文明的摇篮，保护好脚下大地的健康，是人类生存生活中的重要基础。

11 生态环境保护，民众的力量不可小觑

1962 年，美国科普作家蕾切尔·卡森在著作《寂静的春天》中，描绘了滥用农药带来的生态环境灾难。她写道，体内含有农药的害虫被鸟类吃掉，使农药在鸟类体内富集，伤害了它们的繁殖能力，所以春天的鸟鸣越来越少，变得"寂静无声"了。这本书出版后反响强烈，在世界范围内唤醒了人们对环境问题的关注。从此以后，各国纷纷将环保事业提上正轨，环保公益组织纷纷成立。由此我们可以看出，虽然环境保护和治理的主体是政府，但畅销书等媒介引发的公众舆论力量，对环保事业的推

动作用是巨大的。

根据我国《环境保护法》的规定，公众对环境保护具有知情权、参与权、监督权和表达权。遇到破坏生态环境的行为，大家可以拨打"12315"市政府热线进行举报，或者通过写信和网上留言等方式向生态环境局等主管部门反映。但是，个人的力量终归是有限的。20世纪90年代以来，公众参与在我国环保领域的作用越来越重要。民众的声音，通过媒体宣传扩大舆论影响，起到"四两拨千斤"的效果。

近年来，许多本来以宣传为主的民间环保组织在基金会和民众捐款的支持下，开始增强科学研究能力，为自己的保护行动提供更扎实的基础，也为政府决策提供更多的参考。

二

动植物
与我们和谐共生

12 为身边的野生动物留出生存空间

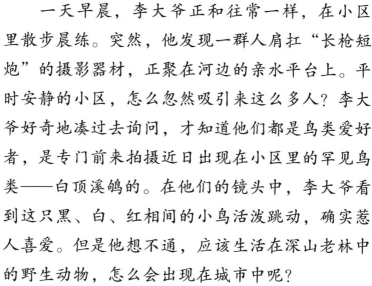

场景

一天早晨，李大爷正和往常一样，在小区里散步晨练。突然，他发现一群人肩扛"长枪短炮"的摄影器材，正聚在河边的亲水平台上。平时安静的小区，怎么忽然吸引来这么多人？李大爷好奇地凑过去询问，才知道他们都是鸟类爱好者，是专门前来拍摄近日出现在小区里的罕见鸟类——白顶溪鸲的。在他们的镜头中，李大爷看到这只黑、白、红相间的小鸟活泼跳动，确实惹人喜爱。但是他想不通，应该生活在深山老林中的野生动物，怎么会出现在城市中呢？

城市不仅是人口的聚居区，也是本土野生动植物的家园。野生动物就在城市里的我们身边生活繁衍，只是大部分时候都不被关注。上海位于长江入海口，拥有广阔的滩涂湿地，人工绿地、湖泊水库和城市公园也为野生动物提供了栖息环境，野生动物资源实际是非常丰富的。

在绿化较好的公园和小区中，我们有时会见到一闪而过、细长敏捷的黄色身影，它们就是俗称"黄鼠狼"的黄鼬。黄鼬以及刺猬、松鼠、貉等哺乳动物，都是我们常见的野生"邻居"。它们食性杂、适应性强，小片的树林绿地就可供它们生存。其中，"一丘之貉"的"貉"，许多人都比较陌生。

貉是我国本土的小型犬科动物，外貌虽然与浣熊有些类似，但实际上和狐狸的亲缘关系更近。它们主要吃植物、昆虫等，也吃各种人类食物。近年来，它们已经在松江、青浦和闵行的小区集中定居。2022年春天上海因疫情封控期间，就有居民把被父母抛弃的小貉当成小狗，捡回家喂养了两个月，直到"解封"才把它送去动物园"入编"。但是在温馨的故事以外，我们也应该看到，貉的数量因为居民投喂猫粮和湿垃圾处置不当有逐渐泛滥的趋势。居民们与貉相遇时，应该采取"不投喂、不接触、不伤害"的态度，各方也正在积极探索控制貉数量的方案，如诱捕野放等。

鸟类由于娇小的体型和极强的迁移能力，对城市环境的适应能力很强。麻雀、白头鹎、珠颈斑鸠和乌鸫这四种鸟类在上海种群数量最为庞大，被戏称为"四大金刚"。珠颈斑鸠甚至常常在居民的窗台、阳台花盆等处筑巢繁殖。你清晨醒来听到的鸟鸣，一般就是这"四大金刚"发出的。城市公园里，喜鹊、伯劳、八哥等鸟类四季常驻；春夏有燕子和杜鹃到来繁殖；秋冬则有北红尾鸲等飞来越冬。春秋迁徙季节，各种候鸟络绎不绝，使观鸟人大饱眼福。作为"东亚－澳大利西亚"候鸟迁飞区上的重要栖息地和补给站，上海的候鸟多样性极高。秋冬季的崇明，波涛般起伏的芦苇荡间，野鸭大片大片地栖于水面，鸻鹬类、鸥类、鹭类在滩涂和水边觅食，猛禽则时而盘旋于空中，好一幅美丽的生态画卷！

珠颈斑鸠

松鼠

然而，城市化给更多野生动物带来的是栖息地丧失的灾难。欧亚水獭、赤狐、豹猫等原生食肉动物早已从上海消失。而另一方面，野生动物的生命力也是十分顽强和坚韧的。2020年，复旦大学的研究团队竟然在杨浦区新江湾区域发现了国家一级保护动物——小灵猫。如何在城市发展的同时，为这些"原住民"留出应有的生存空间，是应该考虑的问题。

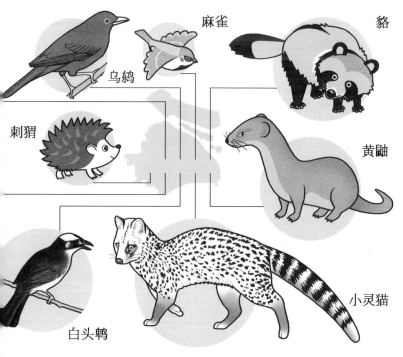

我们身边的野生动物

13 就喂喂流浪猫，怎么说会破坏生态平衡呢

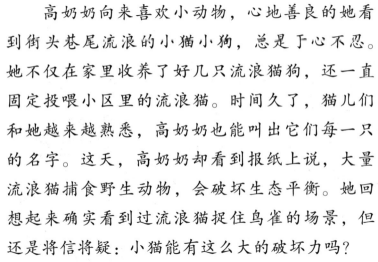

场景

高奶奶向来喜欢小动物，心地善良的她看到街头巷尾流浪的小猫小狗，总是于心不忍。她不仅在家里收养了好几只流浪猫狗，还一直固定投喂小区里的流浪猫。时间久了，猫儿们和她越来越熟悉，高奶奶也能叫出它们每一只的名字。这天，高奶奶却看到报纸上说，大量流浪猫捕食野生动物，会破坏生态平衡。她回想起来确实看到过流浪猫捉住鸟雀的场景，但还是将信将疑：小猫能有这么大的破坏力吗？

投喂流浪猫看似是一种善举，实际上却存在着许多弊端。现今我们身边随处可见的流浪猫，并非我国原生的物种，也不属于我国的自然生态系统。

流浪猫本身在野外就有着较强的繁殖能力，投喂流浪猫可能会导致其种群进一步增长，这会使当地的生态平衡遭受破坏。食性广泛的流浪猫会捕食各种小型动物，尤以本土鸟类和昆虫为多，一方面会导致这些小型动物数量锐减，另一方面也会挤占本土肉食动物如豹猫、黄鼬的生存空间。

同时，流浪猫也是潜在的病媒。它们身上可能携带各种病菌和寄生虫，如弓形虫、猫瘟病毒等。在一项对于上海市范围的弓形虫病流行病学研究中，所检测的流浪猫血液样品检出弓形虫感染率高达100%，这意味着全市有相当巨大比例的流浪猫身上携带有弓形虫。从这个角度来看，投喂流浪猫的过程增加了病原体在猫与人之间流动的概率，对人类的健康构成了威胁。

此外，投喂也可能会引起流浪猫在同类之间或是与人类发生冲突。倘若流浪猫数量过于庞大，由于食物和领地资源稀缺，它们互相之间很可能会发生冲突，这些冲突可能会导致流浪猫受伤或死亡，如若波及人类，也会带来安全上的问题。

由此可见，流浪猫问题是一个比较复杂且严重的生态问题，不论是出于何立场，简单地采取投喂的方式来解决都是不可取的。要想解决这一难题，需要我们从多个方面入手，综合施策。

不散养

不遗弃

多方入手
综合施策

不投喂

具体来说，第一，政府应该加强对流浪猫问题的管理，制定相关法律法规，规范人们的行为，依法对恶意伤害、捕杀流浪猫的行为进行惩处。同时，政府也应该鼓励和支持相关组织和个人参与流浪猫的救助和管理工作。

第二，许多流浪猫的产生与人类的弃养行为有

保护野生动物的"三不"法

从保护野生动物的角度来说，"不散养，不遗弃，不投喂"是比较合理的基本方法。

- 不散养，可以降低家猫捕食野生动物的机会，以及与流浪猫交配的潜在机会。

- 不遗弃，从源头控制了流浪猫的种群输入。

- 不投喂，则可以让流浪猫种群自然地兴衰交替，使得流浪猫种群降低到环境能够负载的体量。

关。因此，我们需要加强对养猫知识的普及和宣传，让更多的人了解如何科学养猫、如何对待流浪猫等问题，从根源上减少流浪猫的产生。

第三，政府和社会组织可以建立流浪猫收容救助机构，为流浪猫提供食物、住所和医疗等服务。同时，可以推广 TNR（捕捉－绝育－放归）方法，对流浪猫进行绝育手术。这些措施可以在一定程度上减少流浪猫的数量和减轻它们的生存压力。

第四，我们应倡导"领养代替购买"的理念，建议更多的人选择领养流浪猫而不是购买新的猫咪。这样不仅可以减少流浪猫的数量，还可以给这些可怜的小生命一个温馨的家。

总之，唯有多方联动，推广科学理念，我们才能让流浪猫问题得到缓解，在改善生态环境的同时也能为流浪猫创造一个更好的生存环境，让它们得到更多的关爱和关注。

14 为什么城市出现野生动物的新闻越来越多了

场景

近日，张大伯打开电视的新闻频道时，刚好看到了一条"野猪横渡长江南京段"的新闻，只见它黢黑的身体大半淹没在寒冷的江水中，没过多久就抵达了对岸。"这野猪游泳还挺快的嘞!"张大伯感叹,"这野猪进城也不是第一次在新闻里看到了,好像还看到过叫貉的动物也跑到了小区里。这两年,为什么城市出现野生动物的新闻越来越多了呢?"

首先,野生动物不是城市建设之后才出现的,在城市建设之前,城市所处的地区可能是森林、荒漠、农田等各类生境,每一个地方都生活着适应该处气候状况、生境条件的野生动物。

而在城市建设之中,土壤转变成了硬质化路面,高楼大厦取代了各类植被,这种转变就是我们常说的城市化。一般来说,城市化被认为是不利于野生动物生存的,因为野生动物们长期在野外环境中生活,保留了许多仅能适应野外环境的性状。例如许多鸟类的脚掌仅适宜在柔软的土壤、滩涂上行走;一些动物需要在大树的树洞中筑巢才能繁衍;等等。

但是也有部分野生动物恰好能很好地适应城市

环境。同时，城市环境也具备着有利于部分野生动物生存的"优点"。例如夜鹭，不同于其他鹭科鸟类需要在平缓的土质河岸涉水捕食，它们可以在硬质化河岸上站立着守株待兔，发现猎物后直接冲向水面捕猎；而生活在上海小区中的貉，会以小区中池塘边的假山作为容身之处，将小区中的湿垃圾作为它们食物的一部分。

同时，许多对环境要求更高的捕食动物难以在城市中生存，这反而给许多被捕食者带来便利。例如一些小型鸟类甚至可能更偏好在接近人类的地方活动，以避开猛禽的捕食。在这些因素的共同作用下，部分野生动物在城市中的种群确实越来越大，它们也会更频繁地出现在我们的视野中。

但与此同时，我们更应该看到这部分野生动物"占领"城市背后的隐忧。除去城市环境给它们带来的独特便利，引发它们进入城市的因素往往还有原始栖息地的丧失。若非生活所迫，谁又愿意离开故乡呢？城市取代山林、树木遭到大量砍伐、外来物种入侵……种种事件缩小着野生动物的生存范围，才使它们被迫鼓起了到城市闯荡一番的勇气。

修复和保留动物栖息地

- 我们能做的，是合理规划土地的利用，对已经遭到破坏的关键栖息地进行恢复。
- 同时在城市建设中保留真正适宜野生动物生存的栖息地。

　给所有的野生动物留下充足的生活空间，让它们都能找到心仪的家。

15 让消失的"蛙声一片"重回上海

场景

　刘奶奶的孙女最近在学校生物老师的带领下，参加了一个叫作"你好蛙"的志愿者项目，去观测和调查城市公园里的蛙类。刘奶奶不解："我们那时候青蛙可多了，田里一踩就蹦出一堆，现在还需要专门做调查？"孙女却说："奶奶，这你就不知道了吧！我们老师说，现在蛙类的生存环境可不好呢，很多地方它们需要的淤泥河岸都变成水泥硬化的了。有一种叫'无斑雨蛙'的小青蛙，都已经快在上海灭绝了。"

　　两栖动物（蛙和蝾螈）是所有陆生脊椎动物中受威胁程度最高的类群。目前，全世界超过40%的两栖动物都濒临灭绝。两栖动物完成生命循环需要陆地和水体两种环境，再加上它们湿漉漉的皮肤对空气和水具有可透性，使它们对环境的变化更加敏感。蛙类正是快速城市化的最大受害者之一。

　　历史上，上海所在的区域曾经是蛙类的天堂。这里水网密布，拥有众多的沼泽湿地，还有着大片的稻田。但是，由于城市建设发展及农业用地、湿地被破坏，蛙类等两栖动物骤减。在20世纪80年代，上海还生存着十多种蛙类，而如今只有仅仅

6 种：中华大蟾蜍、金线侧褶蛙、黑斑侧褶蛙、泽陆蛙、饰纹姬蛙以及北方狭口蛙。其中，北方狭口蛙是罕见的外来物种，其他 5 种都相对常见。金线侧褶蛙是数量最多、分布最广泛的一种。

此外，还有一种名为"无斑雨蛙"的小型蛙类以上海为模式产地。它们外形光滑，背部皮肤为均匀的浅绿色，不像其他雨蛙一样具有斑点或条纹，因此得名。它们高度适应稻田里的生活，喜欢在稻秆、田埂上捕食昆虫等小动物。它们对生活环境的要求并不高，曾经广布于华东地区。但是近几十年来，城市化和产业结构改变导致的稻田面积缩减，以及杀虫剂的使用和农业机械化，对无斑雨蛙的生存造成了巨大的威胁。而它们又不像其他雨蛙一样能到森林中去生存。有研究发现，它们的种群数量可能总共只剩几百只了，在上海也已经十几年没有人见过它们了。

沟渠、河岸的硬化也是蛙类迈不过去的一道坎。冷冰冰硬邦邦的水泥，让需要打洞的蛙类"无从下手"；几乎垂直的坡岸，让蛙类一旦进入深深的水渠就再也无法出去，最后活活累死、饿死。一旦自然水域进行了水泥硬化坡岸的改造，蛙鸣便会消失。

保护蛙类的尝试进行中

- 一些自然爱好者在边缘垂直的排水渠中搭建小土坡，方便蛙类进出，取得了不错的效果。

- 上海也正在设置蛙类栖息地保护区，在这些区域内设置不同水位的池塘、建造平缓的泥质坡岸、种植茂密的浮水和沉水植物，为蛙类打造舒适的家园。

　　野生动物自有其适应能力。认真考虑它们的需求，做出一些举手之劳的改变，也许"蛙声一片"就会回到我们身边。

16 被保护的野生动物泛滥成灾了，怎么办

让我们以野猪为例，来说说这个问题。

在 20 世纪末，由于人类活动的扩张，比如农业垦荒、城市建设，抢占并且改变了野猪赖以生存的栖息环境，加上受到人们无节制的捕杀，野猪数量迅速下降。为了避免发生野猪灭绝的悲剧，我国在 2000 年将野猪列入《国家保护的有益的或者有重要经济、科学研究价值的陆生野生动物名录》，也就是我们常说的"三有保护动物"，从此它们受到《中华人民共和国野生动物保护法》保护。但是在 2023 年 6 月 30 日，国家林草局公布了新调整的《有重要生态、科学、社会价值的陆生野生动物名录》，野猪被移出名单。野猪的地位一落千丈，甚至到了人人喊打的地步。

因为经过了十几年的保护，野猪不仅没有了灭绝风险，甚至泛滥成灾了。野猪与人的冲突矛盾不断升级——破坏庄稼、危害森林草地、伤害人类和家畜、污染水源。中国林业科学研究院森林生态环

境与自然保护研究所研究员、自然保护地研究所所长金崑在 2023 年的采访中介绍，全国 28 个省份有野猪分布，其中 26 个省份的 857 个县受到野猪破坏的影响。

既然野猪泛滥成灾，又被移出了"三有保护动物名录"，是不是就不用保护了？

答曰：仍需保护。

野猪虽然泛滥成灾，但是我们仍要坚持保护优先原则，坚决不能滥捕滥杀，要找到猎捕与保护之间的平衡点。

首先，野猪在生态系统中具有重要作用。野猪喜欢蹭树来擦痒、磨牙或者标记领地，可以帮助树木的种子落地；野猪会用鼻子翻拱泥土寻找食物，因此可以疏松土壤，改善土壤透气透水性，并且将植物种子埋进土壤，促进种子发芽，有利于森林树木的更新。

而且野猪是食物链中的重要一环。野猪吃植物，虎、豹吃野猪，野猪是虎、豹、猞猁等食肉动物的食物，如果我们想要保护虎、豹、猞猁，恢复它们的物种数量，就必须保护它们重要的食物来源之一——野猪。

最小可行种群

　　生态学有一个理论叫作"最小可行种群"，它是指如果一个地区的动物因滥捕滥杀数量降低到一定程度，那么此时停止捕杀，数量也无法再增加，动物会逐渐减少直至消失。到那时人再采取保护措施将为时已晚。因此我们还是需要以保护为主，将野猪数量控制在对人类干扰较小的合理范围即可，切忌滥捕滥杀。

　　不管是之前野猪数量锐减，还是现在野猪数量泛滥失控，都和人类对生态系统的不合理影响有关。自然生态系统本就是个庞大而精妙的体系，其中的一切生物本就应该保持不断波动但又趋向平衡的状态，但是人类对自然资源的不合理利用打破了本该有的平衡。面对野猪泛滥，我们不该只因它们造成的破坏而愤恨不已，将它们赶尽杀绝，人类或许应该充当起一个合格而精明的"天敌"角色。

这样做

找到自然资源利用的平衡点

● 可以建立损失评估体系，完善野生动物造成损失的补偿制度。

● 可以组成专业狩猎队伍，有组织、有计划地进行适度猎捕。

● 对捕猎的数量、性别比例、地点、期限、工具和方法等都应该有明确的规定，来有效降低出生率及控制种群数量的增加。

● 需要加强动物种群动态监测，尽快建立种群数量动态预警预报系统，以便预先采取有效的预防和控制措施，尽量减少甚至消除可能造成的损失。

17 食用野味会有哪些风险

　　一个阳光明媚的早晨，公园里的老人们围坐在一起，谈论着最近的新闻和生活琐事。其中，一则关于有人因为误食不明来源的野生动物而生病住院的新闻引起了大家的广泛关注。为什么不能食用野味呢？大家对此议论纷纷。

　　首先，食用野生动物会对我们自身的安全健康构成风险。一方面，由于野生动物的生长环境和饲养方式的不确定性，其肉质本身可能存在安全隐患。另一方面，野生动物身上可能携带各种病毒、细菌等病原体。这些病原体有时对于野生动物自身并无大碍，但对于人类来说却可能是致命的。以近年来流行的新冠病毒为例，目前学界普遍认为，新冠病毒的原始宿主可能是蝙蝠，而中间宿主则可能是穿山甲等野生动物。这些野生动物身上的病毒通过某种途径传播给人类，导致了疫情的爆发。因此，食用野生动物无异于打开了一个潘多拉的盒子，我们永远不知道里面会释放出什么样的灾难。

其次，为了美食而肆意捕杀野生动物会影响生态平衡。野生动物是生态系统的重要组成部分，它们与其他生物之间存在着复杂的食物链和生态关系。如果我们大量捕杀和食用野生动物，导致某种野生动物数量锐减，就会破坏这种生态平衡，使得整个生态系统的稳定性都受到影响。例如，在草原地区，如果大量捕杀狼，那么野兔和鼠类的数量就会迅速增加，导致植被破坏、草原退化等问题。同样，大量捕杀和食用某些鱼类，也会影响到整个水域生态系统的平衡。这种破坏性的行为不仅会对自然环境造成严重影响，还会威胁到我们的生存环境。

再次，在我国，捕杀和食用野生动物是违法行为。根据《中华人民共和国野生动物保护法》第三十一条规定，禁止食用国家重点保护野生动物和国家保护的有重要生态、科学、社会价值的陆生野生动物（即"三有"动物）以及其他陆生野生动物。这意味着任何所谓的"野味"来源都不符合规定，食用野味须被追究法律责任。

除了上述的健康和法律问题外，食用野生动物还涉及道德和伦理问题。野生动物是地球上的生命体之一，它们与我们人类一样拥有生存的权利。在过去生产力不发达的时期，人们为了避免饥饿、躲避饥荒，常以野生动物果腹来维持生命活动。今天，温饱问题已经得到解决的人们，如果仅仅为了满足自己的口腹之欲而大量捕杀和食用野生动物，就违背了尊重生命、保护自然的道德原则。

拒绝野味，享用健康美食

- 对于老年朋友来说，健康饮食尤为重要。我们应该选择新鲜、安全、健康的食材来烹饪美食。相比于野生动物，家禽、家畜等人工饲养的动物是更加卫生、可靠的选择。

- 不要为追求猎奇尝鲜而不惜铤而走险，触犯法律。

- 不要迷信野生动物的"滋补"作用。实际上，野味更有营养价值一说并没有充足的科学依据。

抵制"野味"陋习，共建生态文明。为响应国家号召，我们应该树立正确的饮食观念和生活方式，同时积极地向周围的人宣传野生动物保护的重要性，让更多的人加入保护野生动物的行列中来！

18 花鸟市场里的观赏鸟，哪些可能是非法售卖的

场景

一天，黄大爷像往常一样打开电视收听晚间新闻。忽然，电视上关于有人因未经批准私自饲养画眉鸟而遭到行政处罚的信息引起了他的注意。在黄大爷的印象里，画眉是花鸟市场上的常见鸣鸟，公园里也经常有人遛画眉。如今看到新闻报道饲养画眉不合法，黄大爷心里很是困惑。他不禁陷入思考：花鸟市场里的小鸟，还有哪些是不能合法饲养的呢？

在探讨这个问题之前，我们首先需要了解国家关于野生动物保护的法律法规。根据《中华人民共和国野生动物保护法》规定，国家对野生动物实行分类分级保护。其中，国家重点保护野生动物分为一级和二级两个保护等级。另外，在重点保护范围外还设置了"三有"保护动物，也就是有益的、有重要经济价值的、有科学研究价值的野生动物。对于国家重点保护野生动物及其制品，法律明令禁止出售、购买和利用。对于"三有"动物，出售和利用也需要提供合法来源的相关证明。此外，在国际上还有《濒危野生动植物种国际贸易公约》（简称CITES公约），其附录中列出了诸多要求限制贸易的物种。对于公约附录一和附录二上原产地不在中国的动物种类，其保护措施分别与国家一级保护和二级保护野生动物等同。也就是说，饲养国家重点保护鸟类、CITES公约附录一和附录二中的鸟类或者无证饲养"三有"鸟类的行为都涉嫌违法。

在花鸟市场中，一些商户为了追求经济利益，可能会非法贩卖国家保护动物。如今，最常见的非法笼养鸟主要包括所谓的"四大鸣鸟"：百灵（主要是蒙古百灵）、画眉、绣眼（包括暗绿绣眼鸟、灰腹绣眼鸟和红胁绣眼鸟）、点颏（红喉歌鸲和蓝喉歌鸲）。这几类鸟的共同点在于它们都有着悦耳的鸣声，很受养鸟人的追捧。然而，目前有关它们的人工繁殖技术尚不成熟，成本较高，因而市面上的大多数个体都来源于野外捕捉。

鉴于大规模的捕捉已经影响到了许多鸟类的生存状况，在 2023 年起新实施的《中华人民共和国野生动物保护法》中，上面提到的蒙古百灵、画眉、红胁绣眼鸟、红喉歌鸲和蓝喉歌鸲已经被划为了国家二级保护动物，旨在保护其野外种群数量。除此之外，八哥、鹩哥、普通朱雀、黑头蜡嘴雀、非洲灰鹦鹉、彩虹吸蜜鹦鹉等也是常见的非法笼养鸟。实际上，在我国，合法的观赏鸟只有寥寥数种，主要包括虎皮鹦鹉、鸡尾鹦鹉（玄凤鹦鹉）、桃脸牡丹鹦鹉、金丝雀和斑胸草雀（珍珠鸟）。它们的人工繁育技术比较成熟，且与人有着较好的互动性。尤其要注意的是，牡丹鹦鹉有很多种类，其中只有桃脸牡丹鹦鹉是可以合法饲养的，其他种类如费氏牡丹鹦鹉等，都不可以饲养。

合法买到心仪的宠物鸟

在花鸟市场中购买宠物鸟时，辨别它们是否合法格外重要。

● 一方面，去花鸟市场挑选前，需要预先了解鸟的种类和特征，这有助于在购买时作出准确的判断和选择。

● 另一方面，合法经营的花鸟市场商户应该具备相关的经营许可证。我们可以要求商户出示相关证件。如果遇到了非法经营的商户，可以向当地林业和草原局、公安局、市场监督管理局等相关部门举报。

● 注意收集好相关证据，包括详细的商家信息和非法鸣禽种类，以便相关部门进行调查和处理。

"始知锁向金笼听，不及林间自在啼。"对于大多数野生鸟类来说，在野外自由飞翔才是它们最好的归宿。在生态环境得到重视的当今，我们更应当抵制捕捉、饲养野鸟的糟粕行为，提倡文明养鸟、科学养鸟，为野生动物保护出一份自己的力量！

19 不知情的情况下购买了保护动植物，会被"抓"吗

场景

"卧斜阳闲逗鸟，懒起笑不休。碧草花间晚欲收，欲走屡回头。"早起提笼遛鸟，晚来种花弄草，老张和老伴儿李大娘没什么别的爱好，就喜欢侍弄些花花草草，养养小鸟听个响儿，日子过得平平淡淡，但有滋有味，乐得清闲自在。然而二老平静的生活差点被突如其来的意外打破。

这天老张想赶赶时髦，来个"网购"，买只自己惦记很久的桃脸牡丹鹦鹉。下单，到货，签收，都非常顺利，可是李大爷和鹦鹉大眼瞪小眼，越看越不对劲："桃脸"不应该是脸蛋红彤彤，身体黄绿色，像个小芒果的吗？这家伙怎么黑头黑脑的，穿着"蓝衣服"？李大爷赶紧在网上查，好嘛！这竟然是只"黑头浅蓝牡丹鹦鹉"！李大爷来不及因为商家欺骗自己而生气，因为他发现虽然名字只差了几个字，但这种鸟是国家二级保护动物！老张害怕极了，因为他听说有人就是因为购买国家保护动物，被罚了巨款，还判了刑！老张吓得六神无主。

遇到这种情况，大家不要慌张。只要及时主动上交——拎着"烫手山芋"去当地公安部门说明情况，公安工作人员不会把你"抓"起来，因为如果确实是在不知情的情况下购买了保护动植物，一般不会受到处罚。

这样做

保护自己，保护自然

- 立即停止任何相关的交易行为，包括购买、运输或出售。

- 应尽快向当地森林公安机关举报，或者联系野生动物保护单位，主动上交保护动植物。

- 积极配合相关部门的调查，协助查明动植物的来源和去向。要保存好购买记录、交易凭证等，不要因为害怕而隐藏或销毁任何相关证据。

但如果明知是保护动植物仍然购买，可能要承担法律责任。我国《刑法》第三百四十一条规定，非法猎捕、杀害国家重点保护的珍贵、濒危野生动物的，或者非法收购、运输、出售国家重点保护的珍贵、濒危野生动物及其制品的，处五年以下有期徒刑或者拘役，并处罚金；情节严重的，处五年以上十年以下有期徒刑，并处罚金；情节特别严重的，处十年以上有期徒刑，并处罚金或者没收财产。《刑法》第三百四十四条也规定，非法采伐、毁坏珍贵树木或者国家重点保护的其他植物的，或者非法收购、运输、加工、出售珍贵树木或者国家重点保护的其他植物及其制品的，处三年以下有期徒刑、拘役或者管制，并处罚金；情节严重的，处三年以上七年以下有期徒刑，并处罚金。

并且特别注意，一定要妥善保管该动物或植物，避免其受到损害或流失。有人会这样想："既然是保护动植物，那我把它放归野外，或者栽回地里不就好了？"非也非也！首先生物都有它们适宜的生态环境，保护动植物原栖息地的环境条件可能与放生地有着相当大的差异，我们当地的水分、光照、温度条件可能并不适宜它们生长，可能也没有保护动物的食物来源。因此盲目放生会使它们面临生命威胁，"放生"变"杀生"，使野生保护动植物变得更加濒危，还会使我们面临法律制裁。

保护动植物一般都没有人工繁育成功，或者人工繁育成本极高，流入市场的一般是不法分子为了牟利直接从野外采挖或者偷猎得到的，对生态环境破坏极大，甚至使保护动植物走向灭绝。没有买卖就没有杀害！从你我做起，增强法律意识，不购买保护动植物，让不法分子无利可图！

20 出入境为什么不能携带生鲜食品

场景

老李热爱祖国的大好河山，也对不同地区的地域文化有浓厚的兴趣。他退休后各地走，去长白山看天池似明镜，去壶口瀑布看黄河之水天上来，去伊犁草原掉进大自然画家色彩斑斓的油画……最近老李想出国转转，感受一下异国他乡的风土人情。他带了一些水果，如芒果、橘子、香蕉，还有馒头和萝卜咸菜之类的吃食，用来在旅途中充饥和解馋。但是在上飞机过安检时遇到了麻烦：除了馒头和咸菜，其他吃的都被截留了！工作人员告诉他，生鲜是不可以带出境的。

　　老李纳闷，之前在国内旅游坐飞机也会带这些食物，怎么这一出国就行不通了？老李查了些资料和报道，又问了海关相关的工作人员，才明白这个禁止携带生鲜的规定是很有道理的，自己真是犯了个大错误。

　　一方面，携带生鲜入境会传播病虫害，它们上面可能有一些肉眼难以察觉的对植物或动物有害的虫卵，或者真菌、细菌、病毒。如果传入境内，一旦发生散布将会使本地的水果蔬菜、牲畜染病，危害农林和畜牧业，带来经济威胁。比如2016年11月23日，罗湖出入境检验检疫局在一名入境旅客携带的无花果中检出2只"果蔬头号杀手"地中海实蝇。地中海实蝇是公认的世界上最具毁灭性的农业害虫，可危害数百种水果和蔬菜，在我国尚未有分布，但明确将其列为进境检疫性有害生物。地中海实蝇繁殖力惊人，一旦传入境，将会对我国的水果和蔬菜生产带来毁灭性破坏。

另一方面，生鲜本身或者生鲜上所携带的生物，可能是本土并不存在的物种，入境后极有可能导致生物入侵。入侵生物由于在入侵地没有天敌，它们的数量将难以控制，挤占本土物种的生存空间和光照、水分、营养物质等资源，危害当地物种多样性，打破生态平衡，破坏生态环境。我们所爱吃的大闸蟹，就是因为远洋货轮的压舱水将蟹苗带到了欧洲和北美，在当地成为入侵物种的。这些大闸蟹大量繁殖，吞吃本土鱼类的卵、破坏水坝、堵塞水管，种种危害不一而足。

并且，生鲜上可能会携带一些可以在人和动物之间传播的寄生虫或者其他病原体，危害人的生命健康。比如我国茂名海关曾查获一批非洲大蜗牛，这种蜗牛会携带大量的有毒有害的寄生虫和病原菌，对人体健康危害巨大，食用后将会使人体感染疾病。

因此，为了维护本国的经济和生态利益，保障国民生命健康安全，各个国家都会严格把控出入境的生鲜等产品，并且对进口水果和蔬菜实行严格的检验和检疫制度。我们国家的《中华人民共和国禁止携带、邮寄进境的动植物及其产品名录》就规定，新鲜的蔬菜和水果是禁止入境的，如果旅客未主动申报且无法提供任何检疫审批文件，工作人员就会依法对这些物品作截留销毁处理。

所以，大家可以了解了解这些规定背后的故事，以免自己的无心之举帮这些有害生物"偷渡"，自己成了危害一方经济、生态和人民健康的"推手"。海关的存在是一层强大的保护屏障，过滤着潜在的出入境威胁，大家也要自觉遵守不同地区禁止携带、邮寄进境的动植物及其产品名录规定，也避免食品都被没收，自己陷入"饥荒"的窘境。

21　怎样拥有不用频繁换水、喂食的"生态缸"

场景

陈大伯近日到亲戚家做客，欣赏了他们家的一个"生态缸"，据说这个生态缸几乎无须人为照料，只需要每天晒晒太阳，就能维持自我生态。陈大伯觉得十分神奇，他原先只见过需要频繁喂食、换水的鱼缸，为什么这种"生态缸"就能形成自我维持的生态系统呢？

生态缸不同于只包含少数物种类群的水草缸、鱼缸，它同时为植物、动物、微生物提供了生存条件，并且进行了合理的配比，不同生物之间形成了生产、消费、分解的能量循环，从而使得整个生态系统中几乎无须添加食物，换水频率也能显著降低，形成了自我维持的生态系统。

生态缸大多是设置于玻璃箱中。首先需要使得生态系统初步稳定。缸底放置形态各异的石块为植物提供着生存空间，也便于将来的鱼虾隐藏自己。而疏松多孔的底砂有益于水草扎根，也具有较强的杂质吸附能力，能将鱼虾的排泄物固定下来，便于细菌分解。"开缸"初期也需要添加硝化细菌，作为生态缸的微生物成分，能够促进鱼虾排泄物分解，并将分解产物转化为植物所能吸收的营养。在植物选择上，浮萍类植物能遮挡较大面积的水面，减少生态缸内的光照，防止光利用效率较高的藻类暴发，也能防止水体蒸发过快，还能避免水体过热，将来庇护鱼类的生存。而速生、易于存活的水草能保证生态缸中植物组分的健康。生长茂密的水草能为鱼虾提供便于活动的立体空间。

在设置底土与植物之后，等待数天，如果水体保持清澈，就可在其中尝试加入动物。小型生态缸中多宜加入小型鱼虾，它们所需的食物较少，也不易破坏生态系统的平衡。鱼虾可以以缸中的植物碎片、底栖动物等为食，鳉类的小鱼还格外喜欢食用水中的蚊子幼虫。而它们的排泄物又能及时被微生物分解。如此一来，能够自我维持的生态系统就形成了。

生态缸中绿植鲜亮，鱼虾游动，确实能形成一

设置生态缸有一定难度，可先尝试小型的生态瓶

处精巧的景色。但是初学者设置"生态缸"颇有难度，这里介绍的只是一些基本的原理和方法，耐心学习、持续实践、不断总结，才能真正拥有理想的生态风景。如果您真的自己设置成功了一个"生态缸"，希望别光顾着欣赏缸中斑斓的色彩和灵动的鱼虾，不妨花点时间留意生态缸中的能量循环过程，相信您也会惊叹于这一方小小生态系统的神奇！

22 随意放生真的是"积德"吗

场景

　　王阿姨在短视频平台刷到了一条标题为"放生积德"的视频，视频中一群人一边念念有词，一边把一些鱼一条一条地从一个装水的袋子中抓起来。鱼几乎是挣扎着从他们手中滑脱到岸边，又在浅水中翻动了好几下身子，才终于挣扎着消失在水面之下。王阿姨将信将疑，这放生是真的能积德吗？

　　事实上，并非所有将"活物"放归自然的行为都是正确的放生。不合适的放生行为不仅会引起生态系统更大的不稳定性，有时甚至连被放生个体本身的存活也不能保证。而针对会对生态系统带来威胁的物种的放生，国家早有明文规定，例如农村农业部《水生生物增殖放流管理规定》中包括，禁止使用外来种、杂交种、转基因种以及其他不符合生态要求的水生生物物种，社会团体、个人进行规模化放流都必须向相应的主管部门报备、审批。

　　如果不加选择地放生，可能导致的后果有很多。首先，被放生的物种可能原先在放生地并没有原生种群。它们中有的不仅适应性强、食量大，而且在放生地缺乏天敌，便会与本土物种产生激烈竞争，影响本土物种种群的存续；同时，它们也会大量捕食食物链下游的物种，在整个生态系统掀起轩然大波。巴西龟、鳄雀鳝就是这样一些事例中的主角。

另一方面，有时被放生个体所属的物种对生存条件具有一定的要求，例如水温、食物等，它们如果被放入陌生的生境中，很可能由于无法适应环境而迅速死亡，更别说将淡水鱼放入海洋、将陆龟放入较深的水环境了。

除此以外，来源不明、未经检验检疫的生物体中可能还带有来自原产地的细菌、病毒，随意放生会将它们带入放生地的生态系统中，可能导致疾病的传播。

甚至有些情况下，即使放生个体看起来与原生种群十分相像，放生后也能与放生地的生态系统暂时相安无事，它们也可能在基因污染方面带来潜在威胁。养殖个体由于高度依赖配种，且生存压力小，存活率高，往往存在基因多样性不足的问题，将其大量放入野生环境，可能会污染野生种群的基因库。

总而言之，随意放生非但很难"积德"，还会带来许多生态上的问题。我们还是应当以增加关注、提升认知的方法，去为世界上真正因屠刀而走向濒危的物种发声，而实际行动就留给专业人士经过调

放生"娃娃鱼"可能导致基因渐渗

保育个体的野放一直是恢复濒危的"娃娃鱼"（大鲵）的一种方法。过去人们一直认为所有大鲵都属于同一个物种，因而对于种源和野放地的匹配并不关注，然而，近年来的遗传分析表明，中国大鲵复合体中可能包含多个不同的隐存物种，过去的放生可能已经导致不同种源地的个体混合，产生基因渐渗。也就是说，亲缘关系较近的不同物种互相交配，这可能会导致其中的某些物种身上的特有性状丧失，使其逐渐消亡。

查、实验后进行吧！不用担心我们的力量不够，更多的关注一定会对濒危物种的保护大有裨益！

23 入侵物种"一枝黄花"，为什么花店会有销售

场景

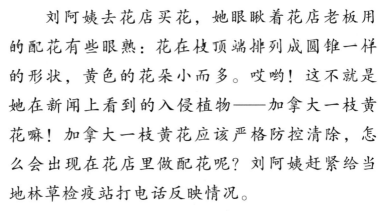

刘阿姨去花店买花，她眼瞅着花店老板用的配花有些眼熟：花在枝顶端排列成圆锥一样的形状，黄色的花朵小而多。哎哟！这不就是她在新闻上看到的入侵植物——加拿大一枝黄花嘛！加拿大一枝黄花应该严格防控清除，怎么会出现在花店里做配花呢？刘阿姨赶紧给当地林草检疫站打电话反映情况。

花店老板大喊冤枉，声称这种配花在花鸟市场很是常见，名叫"黄莺花"，可不是臭名昭著的入侵物种"加拿大一枝黄花"。检疫站工作人员经过仔细辨认，确定花店老板所言属实。黄莺花是鲜花市场的常见鲜切花，常被当作配花使用。

　　黄莺花与加拿大一枝黄花都是一枝黄花属，也就是说两种植物就像人和猴子一样有共同的祖先。最初大家意识到加拿大一枝黄花是危害极大的入侵植物，而黄莺花和加拿大一枝黄花形态非常相似难以区分，因此也受到"人人喊打"的待遇。但黄莺花并不是加拿大一枝黄花，中国科学院昆明植物研究所的资深专家陈介教授为黄莺花"平反"称，黄莺花是一种不育的杂交园艺品种，只开花不结种，不会对其他植物和环境造成危害。

　　加拿大一枝黄花原产自北美洲，在 1935 年作为观赏植物引入我国种植，最初用于鲜切花束中的配花。之后它从苗圃中迅速逸生到公路边、荒地，不受人为控制，成为危害生态平衡的外来入侵杂草。为什么加拿大一枝黄花如此难以控制？主要原因是它的繁殖能力极强，一株就可以产生 2 万粒左右的细小种子，可以随风传播到很远的区域，并且种子发芽率很高。此外，它地下的根状茎也可以生出芽，在第二年这些芽会长成新的植株，一棵加拿大一枝黄花转年就会变成一大丛。

　　失控的加拿大一枝黄花会对生态环境造成不利

影响。加拿大一枝黄花会"欺负"本地植物，它的根可以释放化感物质（指生物体产生的非营养性物质），让其他植物种子无法发芽，还会让已经发芽的植物无法健康生长。最后，一片区域一眼望去只有让人束手无策的加拿大一枝黄花，生态平衡被打破，本土植物受到排挤，甚至走向灭绝，严重破坏了物种多样性。而被它入侵的土壤会逐渐失去肥力，出现板结、酸碱失衡等问题，甚至可能会变成盐碱地。

我们国家对加拿大一枝黄花的防控做出了很多努力，南京农业大学杂草研究室主任强胜介绍，经过多年研究，防治加拿大一枝黄花已有很大进步，可以采取人工铲除、药剂防除、生态控制等手段相配合，在不同阶段控制加拿大一枝黄花的生长密度。如5月至6月的苗期，可以使用化学除草剂；花芽分化期间可以使用无人机等喷洒花芽抑制剂，抑制其开花，控制结籽随风飘散。

如果我们在生活中发现加拿大一枝黄花，要及时向所在区（市）县的农业或林业园林相关部门反映，也可以拨打当地林草检疫站电话反映。

24 为什么有时玻璃幕墙前会有死鸟

场景

近日，赵阿姨早起去买菜路上照常经过了一幢新建的办公楼。整面的玻璃幕墙把天空反射得一清二楚，总吸引着赵阿姨停下脚步，欣赏一番这幢新潮的建筑。然而有几次，她发现楼前的空地上躺着好几只鸟。有一次，她好奇地走近查看，发现地上的小鸟看起来身上并没有外伤，但似乎已经一命呜呼了。赵阿姨担心小鸟身上有细菌、病毒，快步走开了。路上，她想：为什么玻璃幕墙前会有死鸟？它们是"撞墙自杀"了吗？

其实这种情况下，小鸟大概率并不是有意自杀的，而是经历了鸟撞事故。鸟撞现象离我们并不遥远，2022 年 9 月，成都 30 多只金翅雀撞上了路边的玻璃护栏；11月，又有几十只白头鹎撞上了青岛一餐饮店的玻璃。据统计，我国玻璃幕墙已经超过5亿平方米，占全球总量的85%，这更是增大了鸟撞在中国发生的频次。

根据现有研究，鸟撞的成因主要是具备透明性和反射性的玻璃幕墙对鸟类来说是一种新材料，它们对玻璃幕墙没有长期适应的过程，因而时常无法辨认，认为能够穿过玻璃幕墙到达玻璃背后透过的物体，或是认为飞过玻璃就能到达其中反射出的物体。而城市夜晚大楼的灯光也可能吸引鸟类集聚在大楼周围，促使鸟撞发生。同时，鸟类的视野特征使得它们难以发现近处的障碍物。这些因素的综合作用导致鸟类可能会一头撞向玻璃幕墙，严重者可能导致死亡。

而防止鸟撞根本上的方法是在建设楼房时采用鸟类友好设计，例如减少对大片玻璃的使用等。但是已有的建筑无法轻易重建，一个较为可行的替代方案是在玻璃幕墙上每隔一定间隔贴上防鸟撞贴纸，让小鸟能意识到面前并不是空无一物，防止鸟撞的发生。值得庆幸的是，已经有腾讯这样的中国大型企业大楼进行了防鸟撞改造，深圳、上海等城市也已把防鸟撞写入了城市生物多样性保护行动计划，越来越多的行动让我们对减少鸟撞悲剧的发生充满了希望。

玻璃幕墙上的防鸟撞贴纸

我国是全世界鸟类多样性和鸟类数量最多的国家之一，北京、上海、武汉、深圳等许多大城市都坐落在重要的候鸟迁飞通道上。希望我国兼顾美观与使用，并且鸟类友好的建筑能越来越多，创造一道人与自然和谐共生的城市风景线！

当发现撞伤的小鸟时

那么身为普通人，当我们看到玻璃幕墙前躺着的小鸟时，还有什么能做的吗？

● 首先，野生鸟类身上可能携带较多细菌、病毒，我们不应该直接用手接触。

● 如果小鸟还活着，可以用塑料袋等隔着，把它带到附近隐蔽的花坛中。它恢复后会自行飞走。

● 有条件的话，可将小鸟带到一个纸箱中静养，等其恢复好后再放出。

25 如何建设不打农药的家庭花园、菜园

场景

在一个阳光明媚的早晨，刘奶奶在自家的阳台菜园里忙碌着。她的菜园里种植了各种蔬菜，绿油油的叶子在阳光下闪闪发光，生机勃勃。然而，最近她却发现，菜园里的一些蔬菜叶子出现了黄斑和虫洞，显然是病虫害的侵扰。刘奶奶担心这些病虫害会影响蔬菜的产量和品质，于是她决定使用农药进行防治，但她也不免担心：农药会不会对家人的身体健康造成影响？

忙碌了大半辈子，经历过快节奏的城市生活，越来越多的人希望退休后能享受田园生活，享受那份宁静与自在。他们在家中种植花草、蔬菜，不仅美化了环境，还能自给自足，品味到亲手种植的乐

趣。然而，面对病虫害的侵扰，许多人不得不使用农药来防治，这不仅对环境造成了污染，还可能对身体健康产生危害。人们迫切希望能有办法建设一个不打农药又少病虫害的家庭园地。

要想解决这一问题，我们首先需要了解病虫害的成因。病虫害的发生往往与植物的生长环境、土壤质量、气候条件等多种因素有关。例如，过度浇水会导致植物根系缺氧，从而降低植物的抵抗力；土壤缺乏养分会使植物生长不良，容易受到病虫害的侵扰；高温高湿的环境则容易滋生细菌和害虫。

养成家庭生态园地

- 选择购买合适的植物。
- 学习改善土壤。
- 学习菜园和花园的合理布局。
- 借鉴不同种类植物套种的方式。
- 用绿色手段代替农药控制病虫害。

因此，要减少病虫害的发生，就需要从改善植物生长环境入手。

首先，我们在种植前应当选择购买合适的植物。通过了解各种植物的生长习性以及分析自己的家庭条件，我们可以筛选出适合自己家庭环境的植物种类。另外，随着农业科技的进步，越来越多具有优异抗病虫害能力的作物与花卉品种已被培育了出来。它们通常具有较强的生命力和抵抗力，能够在一定程度上抵御病虫害的侵扰。选择这些抗病虫害性能较强的品种进行种植，对于减少病虫害发生的概率很有帮助。

再者，改善土壤质量也是值得尝试的办法。土壤是植物生长的基础，改善土壤质量可以提高植物的抵抗力和生长能力。一般来说，最基本的是要确保土壤排水良好，避免过度浇水导致根系缺氧。如有条件，应定期施肥，保证植物能获得充足的养分。在此基础上，我们还可以进一步使用有机肥料来改善土壤结构，提高土壤的透气性和保水性。

合理布局和种植对于减少病虫害的发生有着颇为关键的作用。在小规模的家庭园地中，过于密集的种植往往是被忽视的问题。不合理的密植会导致植株附近空气流通性差，增加害虫滋生的机会；同时植物之间对阳光的互相遮挡还会导致光合作用效率降低，引起植株营养不良。因此，我们需要保持植物之间的适当距离。其次，我们可以采用轮作的方式种植蔬菜，减少病虫害在土壤中的积累。

此外，采用不同种类植物套作的方式，有时也能有助于病虫害防治。例如，棉田间种少量玉米、高粱，可以诱集玉米螟、棉铃虫集中产卵，便于集中消灭。这种思路也可以运用到家庭小型园地的建设中。

倘若病虫害已经发生，我们也可以采取其他绿色手段代替农药来进行控制。物理防治便是一种环保且有效的防治病虫害的方法。例如，可以使用黄板、蓝板等粘虫板来诱捕害虫；使用防虫网来阻止害虫进入花园和菜园；利用灯光或声音等物理手段来驱赶害虫。这些物理防治方法简单易行，对环境和人体健康无害。生物防治也是值得尝试的措施，也就是利用天敌、微生物等生物因素来防治病虫害。例如，使用苏云金杆菌，对于防控鳞翅目昆虫的危害有显著的作用；设置"昆虫旅馆"，可以招引一些害虫的天敌如泥蜂前来筑巢，继而对病虫害起到控制效果。

生态公园里的"昆虫旅馆"

将生态原理应用到实际生活中，建成绿色健康的家庭园地变得不再遥远。好生态让我们的生活更加美好！

26 上海为什么不种网红"蓝花楹"行道树

场景

　　四月的一天，家住上海的陈阿姨正在上网。忽然，一则关于昆明市路边蓝花楹盛开的报道进入了她的视野。在新闻推送的照片里，满树蓝紫色的花海将当地的街道渲染得一片梦幻，令人叹为观止。后面的几天，陈阿姨的手机不断出现这种美景的自动推送，分布在好几个城市，蓝花楹俨然已经成为"网红树"。陈阿姨在惊叹之际，也不禁感到好奇，为什么这么美丽的树在上海却不见踪影呢？要是上海的街道两旁也能种上蓝花楹，那该多美啊！

　　选择行道树时，首先要考虑的是其适应性，即要因地制宜，确保所选树种能够在当地气候环境中稳定存活并健康成长。鉴于一般的行道树都需要种植在狭小的树池中，好的行道树也必须具备出色的耐贫瘠能力。例如，榆树、国槐、加杨等树种就具有出众的抗逆性，能够在多种不同的土壤和气候条件下生长，尤其能适应相对干旱、寒冷的环境，因此在我国北方应用广泛。香樟树的抗寒能力较差，因而其在长江流域应用较多，但在秦岭淮河以北便鲜有种植。而上面提到的蓝花楹原产热带地区，在我国仅能适应华南、西南地区的水热条件，因此仅在南方的少数地区可见。

　　树种的植株形态和生长速度也是选择行道树时需要关注的指标。总体而言，行道树在株形上要求树干要挺拔，树冠要大，分枝点要高。行道树种植在城市的道路两侧，行人与车辆都需要从树下经过，因而选择的树种必须主干至少要超过 2 米才开始分支。在一些情况下，为了不妨碍架空电缆的设置，行道树的高度上限也会有规定。一般来说，理想的行道树高度应在 3～6 米。这样的高度既能提供足够的树荫，又不会对交通造成太大的影响。在种植后，行道树需要尽快从幼苗生长到成年树，以提供稳定的景观和生态功能。因此，生长速度较快的树种，如加杨、栾树等，作为行道树是较好的选择。有时也可以采用速生和慢生树种搭配的方式，保证行道树的可持续性。

作为保证城市空气质量的重要因子，通风透气性也应在选择行道树时纳入考量。要考虑其叶子大小和密度，过大的叶子和过密的树冠会降低空气流通的效果，故宜选择叶片较小、树冠较为平坦的树种。与此同时，城市交通等因素导致的城市环境污染比较严重，这对行道树的耐污染能力构成了挑战。一些树种具有较强的吸附污染物、净化环境能力，如悬铃木、国槐，将它们当作行道树再合适不过了！

随着各种树木的栽培技术日趋成熟，如今，许多地方在选择行道树时还会考虑到树种的美观程度，尤其是在颜色上的丰富度。总体来说，南方喜欢用能开出满树鲜花的树种，比如洋紫荆、凤凰木和美丽异木棉；北方由于气候限制，许多花色鲜艳的树种难以种活，因而通常会更倾向于使用秋季树叶变色的种类，如金黄色的银杏等。

行道树还有人文因素

　　行道树的选择也受各地人文和风俗影响。比如在南京的路边，悬铃木（法国梧桐）便是最具代表性的存在，这与其种植的历史息息相关。早在近百年前，南京就有一批悬铃木，随着中山陵的修建而被种植在了陵园以及当时的南京城里。悬铃木是外来树种，因树叶宽大类似梧桐，最早又种在上海法租界，所以被叫作法国梧桐。中华人民共和国成立后，南京城里又种了约 10 万棵法国梧桐。从此，法国梧桐成了南京城市形象的重要元素。

　　我们美丽的上海都有哪些优秀的行道树呢？大家去街上找一找吧！

三

生态环境改善
让生活越来越美好

27 近年来上海的空气质量为什么变好了

场景

吕大伯每天都会到小区里的花园中晨练，强健体魄。这天，他兴致勃勃地和女儿分享："我觉得最近上海的空气质量变好了！灰蒙蒙的天少了很多。"但他转念一想，平日里总听说空气污染治理，但还真是从没了解过具体采用了哪些措施。街道上的车辆未曾变少，建筑新建也从未停止，那么近来上海的空气质量为什么变好了呢？

上海空气质量的改善，离不开能源低碳转型、污染治理等多方面举措的实施。

首先，近来上海能源使用向绿色低碳转型，产业结构也进行了优化升级，促进了在保证生产前提下的节能减排。通过大力发展非化石能源，如太阳能、风能等可再生能源，优化调整化石能源结构，严格控制煤炭消费，提升天然气供应保障能力，以及加快火电机组升级提质，都有助于减少污染物的排放，改善空气质量。通过严格落实生态环境分区管控要求，加强对高耗能高排放低水平项目的管控，以及推动产业园区绿色低碳升级改造等措施，减少了工业污染源的排放，有利于改善空气质量。

其次，上海在各领域都进行了污染防治，推动了绿色化举措。交通方面绿色清洁水平提升，通过推进运输体系绿色发展，加强对机动车和非道路机械的监管，推广新能源汽车的应用，以及完善城市交通体系，减少了交通污染物的排放。建设领域绿色化发展，包括深化扬尘源头精准管控，加强对工地扬尘、道路扬尘等污染源的管理，以及推广低VOCs（挥发性有机物）含量建材的使用，有助于减少建筑施工和市政工程对空气质量的影响。农业领域进行了污染综合防治，例如推广种植业氨减排技术，加强对农业废弃物的综合利用，严格禁止露天焚烧秸秆等，都有利于减少农业活动对空气质量的影响。此外，社会面污染源也得到了深度治理，对餐饮油烟、汽修行业排放等方面的监管得到增强，清洁生产和绿色生产方式被更多地应用，减少了社会面源对空气质量的影响。

最后，区域协作、共商共治也是促进上海空气质量改善的重要原因。长三角区域各政府互相协作，共同制定污染治理方案，并加强区域污染联合应对，使得区域内的空气质量都得到了改善。

而措施的执行离不开我们每一位公民的努力。其实少开车、多使用公共交通，避免焚烧等，这些我们力所能及的小事都能为改善上海的空气质量出一份力。如今上海的空气质量已经有所提升，让我们再接再厉，维护好我们每天共同呼吸的清洁空气。

28 让城市的夜空星光灿烂

场景

在夜晚，通过卫星俯瞰地球，可以看到被灯火勾勒出形状的大陆，壮丽非凡。星罗棋布的光点是小城镇，璀璨耀眼的光斑是大型城市带。有幸看到这样的景象的人，都会下意识屏住呼吸，为人类的壮举暗暗赞叹。

但居住在上海"大光斑"里的张奶奶，却对这样的"壮丽"烦恼不已。因为她家对面修了一座大型商场，商场的 LED 大屏幕整晚亮着，强光正对她家的窗户，窗帘也遮不住。张奶奶睡眠本来就浅，刺目的光亮让她更加难以入睡。不只是张奶奶，她的儿子、儿媳和孙子也时常抱怨，一家人都睡不好。好在，张奶奶的儿子向市民热线反映后，街道执法人员很快处理，要求商场每晚 10 点后关闭广告屏，张奶奶终于能每晚睡个好觉了。

这样的事情可不少见。光是在 2023 年的 7 月，"12345"市民服务热线就接到了超过 220 件关于"光污染"的投诉。这些"光污染"有商场广告、建筑反光、景区射灯等，有的是夜晚强光影响睡眠，有的是白天反光导致司机眩晕，威胁行车安全。那么，"光污染"对人体和环境还有哪些危害？我们又如何能解决这类污染呢？

光污染是指过量的光辐射对人体造成不良影响的现象，最初是由天文界提出的，因为城市室外照明使天空发亮，难以进行天文观测。很多人也发现，现在在大城市里很难看到星星，只有远离城市的郊区才能看见满天繁星。光污染不仅让人们和星空隔绝，还对人体健康造成了不良影响。

第一，强烈的光源会损伤视力。科学研究表明，荧光灯的频繁闪烁会迫使瞳孔频繁缩放，造成眼部疲劳。如果长时间受强光刺激，会导致视网膜水肿、模糊，严重的会破坏视网膜上的感光细胞，甚至使视力受到影响。第二，光污染会影响人类的生物钟，光源的刺激会影响褪黑素分泌，人在睡眠时期被光源刺激，就会像张奶奶一样睡不着。第三，光污染可能会影响人的心理健康，引起头痛、疲劳，增加压力和焦虑。对于生态环境而言，光污染会影响植物的节律行为和动物的生活规律。玻璃的反光还会让鸟儿分不清前方的障碍物导致"自杀式"撞墙。

要有效防治光污染，离不开城市管理。在 2022 年，上海市出台了《上海市环境保护条例》，明确了光污染的执法主体和监管内容，开创了国内光污染纳入专门立法的先河，对光的源头管控、绿色照明要求、设置规范予以明确规定。除此之外，也要注重技术研发。不管是城市照明规划，还是光污染的监测、评估、处理，都要技术和管理双管齐下。好在越来越多的老百姓拥有了防治光污染的意识，居民和政府合力能够解决很多难题。

当城市的夜晚变得霓虹灿烂、流光溢彩后，我们开始回过头来保护黑夜和星空。深圳的公园为迁徙鸟类关灯的举动更是温暖人心，体现了"人与自然和谐共生"的理念。我们不仅将夜晚还给大自然的生灵，也要将夜晚还给人类自己。

29 家门口的臭水浜是如何变成水清岸绿的风景线的

场景

　　王爷爷自从退休之后，每天吃过晚饭都要沿着苏州河走一走。俗话说"饭后走一走，活到九十九"，傍晚的苏州河边有不少和他一样消食散步的老人，也有很多下班的夫妻、放学的孩子。王爷爷有时和老伴一起，有时和儿女还有小孙子一起，沿着碧波荡漾的苏州河漫步，吹着湿润的晚风，看看风景聊聊天，热热闹闹，好不惬意！

　　在天气好的时候，王爷爷白天也喜欢在河边散步，一路上能看见退休的阿姨们在公园树荫下跳舞，老大爷端着茶杯坐在长椅上用收音机听戏，还不时能和一群风风火火的"暴走团"擦肩而过。好一幅人民安居乐业的美好生活图景！不过在上海生活了一辈子的王爷爷还记得，

20世纪的苏州河可不是这样的。那时的苏州河水黑且臭,光是靠近就要捏着鼻子,岸边全是冒黑烟的工厂,家家户户每天起床得先去河边的环卫码头倒马桶,河水哪能干净呢?谁能想到,短短30年的时间里,苏州河就从臭名昭著的臭水浜,变成了上海人民钟爱的休闲娱乐健身场所。

20世纪初,上海的工业开始快速发展,由于城市基础设施的陈旧和环保的落后,苏州河成了天然排污地。工业废水、生活污水、农业污水哗啦啦地排进苏州河。如果站在外白渡桥上,就会看到苏州河汇入黄浦江时黑、黄两色清晰的分界线。人们常说"50年代淘米洗菜,60年代洗衣灌溉,70年代水质变坏,80年代鱼虾绝代,90年代身心受害"。当时上海的饮用水也受到这些河流的影响,水质非常差。一直到1996年,上海全面启动苏州河环境综合整治,市长亲自担任领导小组组长,立下"军令状",一定要让苏州河焕新颜!这也是"河长制"

三、生态环境改善让生活越来越美好

首次出现在上海。

　　苏州河的治理共开启了四期工程。第一期整治开始于 1998 年，以消除苏州河干流黑臭、整治两岸脏乱环境和改善滨河面貌为目标。首先是截污，把周边企业和生活污水的来源截掉，其次是调水，利用苏州河的潮汐性质，通过水闸的升降，把干净的水调进来，把黑臭的水放出去；还有建设污水处理厂工程，搬迁环卫码头、建设河滨绿地等。这一期工程效果非常显著，2000 年的时候，苏州河与黄浦江交汇处的"黄黑分界线"就基本消失了。第二期工程相比第一期"标本兼治，重在治本"，进一步改善苏州河干流和支流的水质，并稳定干流水质、改善陆域环境。第三期整治以持续改善水质、恢复水生态系统为目标，逐步完善基础设施，进行周边环境综合整治，水里面的鱼虾慢慢回来了。2018年，上海全面启动第四期工程，提高苏州河排水防洪能力，提升全流域水质和实现苏州河两岸滨岸带贯通，进行了岸堤改造、步道建设、周边绿化和文娱设施的改造提升。到目前为止，苏州河水由黑转绿，不再有异味，水生态也在逐步恢复，人们常常能看见夜鹭叼着鱼从河面上飞过。经过几十年的整治，才有如今这个水清岸绿、美丽又便民的苏州河。当然，苏州河的改造还在继续。"苏河步道"就是"上海市绿道专项规划"的成果，这项工程将苏州河沿岸步道贯通，让市民可以沿河观景，毗邻苏州河的地块也能享受到滨水景观的福利。

苏州河的治理只是上海水环境治理的一个例子。水是城市的血脉，苏州河的治理彰显了"人民城市为人民"的主旨，让城市更加美好，也让生活更美好。而上海市政府各个部门正在联手，全面推进上海环境改造，让"生态美"融入"生活美"之中去。

30 什么是会呼吸的"生态河岸"

场景

孙大伯近日跟着儿子到家附近新建的公园

逛了逛。只见公园里的河道两侧竟然是以缓坡草坪直接延伸而上，草坪与河水相接处还露出了光秃秃的泥地。"这样看起来不太美观呀！怎么建成了这样？"孙大伯发出疑问。一旁的小孙想了想说："这可能是新闻里说到的会呼吸的'生态河岸'吧！"会呼吸的河岸又是怎么一回事？孙大伯依旧摸不着头脑。

会呼吸的"生态河岸"，广义上来说就是与水泥硬质化驳岸相对的，具有保证气体、水分交流等功能的生态友好型河岸。以土壤作为水与路面的交界面，覆盖以各类植被、大小不一的石块；包括凹岸、凸岸的设计，如此就能对生态环境带来莫大的益处。

首先，河岸生长的植被进行光合作用，以及和土壤中的微生物都会进行的呼吸作用，能促进河岸、水体的气体交换、水分渗透，防止水体污染，也促生了自然河岸独特的生态环境。河岸处于陆地与水体的交换面，两种生境中的物种都会在此处生活，于此受益，也给河岸带来相对更高的生物多样性。

在此基础上，两栖动物、甲壳类动物获得了容身之所。一些蛙类能在岸上的植物与水面之间辗转腾挪，获取养分，繁衍生息。而一些蟹也能在河岸的泥地中打洞做窝（见插页图2）。同时，鸟类也拥有了良好的觅食地、繁殖地。许多涉禽的足适应了较为柔软的泥地，是不适合在原先的硬质化驳岸上行走的。而在"生态河岸"的泥地上、植株之间，它们能悠然自得地行走、取食植物的根茎或是土壤中的小动物。而翠鸟更是需要在石块的缝隙间筑巢。此外，诸如不同大小的石缝间、凹岸与凸岸之间，都能为不同的生物提供栖息地。河岸的形态越多样，越能促进更丰富的生物多样性的产生。

同时，植被的根系与河岸的凹凸交错能减缓河水流动，促进泥沙均匀地下沉，防止大量泥沙在下游沉积、淤塞。

所以，城市中的河道也不能只看其美不美。近来我们身边不乏可呼吸的"生态河道"，大家不妨去仔细看看，岸边的泥地上是否有一些或大或小的孔洞，它们可能是螃蟹的窝；又有多少种鸟在河岸边筑巢，或藏身于植物之间，或在水边闲庭信步。会呼吸的"生态河道"，或许也能成为人们大口呼吸自然气息的一个窗口，让我们与自然都从中汲取营养。

草坡河岸

硬化河岸

31 曾经"泛黄有异味"的饮用水，是怎么变"放心水"的

场景

　　李阿姨像往常一样早早地起床，给上学的小孙女做早饭。她打开水龙头，加水和面下锅，很快香喷喷的鸡蛋饼就出锅了。李阿姨一边催着囡囡吃饭，一边想着，现在的自来水用着可比以前放心多了。十几年前，她一打开水龙头，就有一股刺鼻的漂白粉气味，有的饮料都遮盖不住水的异味，水烧开后还会有白色的小颗粒浮在水面上。一直到现在，李阿姨也非常关注自来水的质量，一旦听说上海哪里的自来水泛黄、有异味，她就非常紧张，生怕自家的水也出问题，影响家人的健康。

　　其实，李阿姨不用太担心。上海已实现"两江

（长江、黄浦江）并举、多源互补"取水格局，城市供水水质已处于世界前列，网上偶尔出现的水质异常新闻也大多因为小区水管、水箱的老化，很快能够解决。优质的淡水资源是人民安居乐业的基础，也是政府的工作重心。上海供水的质量，已经从李阿姨记忆中的"泛黄有异味"变得干净清洁。这是怎么做到的呢？

上海从开埠以来，供水就是首要问题。在 20 世纪的上海，人们喝的水五花八门：有的人喝烧开的自来水，有的人喝挑夫从黄浦江、苏州河挑来的较干净的河水，有的人喝家门口的井水、河水，有的人每天在弄堂的给水站花筹子买水。1883 年，上海第一座（也是我国第一座）自来水厂——杨树浦水厂正式建成，以黄浦江为水源地，向全城供应自来水。但是，由于工业的快速扩张和人口的迅速增长，黄浦江的污染日趋严重。水源脏了，加上当时的水处理技术还不够成熟，自来水难免质量堪忧。于是，上海开始从黄浦江上游和长江引水，慢慢形成了如今的四大饮用水水源地：青草沙水源地、东方西沙水源地、陈杭水源地和黄浦江上游水源地。青草沙水源地位于长兴岛，承担了上海市 60% 的用水需求，主要供应中心城区和浦东新区。东方西沙水源地位于崇明区，供应崇明岛。陈杭水源地位于宝山区，是上海市首个实现一级保护区封闭管理的水源地，供水范围包括宝山区和嘉定区。黄浦江上游水源地涉及青浦、松江、闵行、奉贤和金山西南五区。随着这些水库的建成和水处理技术的提高，上海市民也逐步喝上了优质水。

在水源地，淡水首先要经过拦污栅过滤固体漂浮物，然后沉淀泥沙，澄清后的水才能进入水厂。水厂会进行混凝、沉淀、沙滤、消毒等常规处理，然后对水中的细菌微生物等进行灭杀，有的水厂还会做进一步的深度处理。法律法规对自来水的各项指标作了严格规定，水质必须达到人体安全饮用标准。自来水生产出来后就要经过管网运输。上海已经形成了全市自来水供水"一网调度"，即使哪个自来水公司的水出了问题，也能调配其他公司的水进行补充，以防出现缺水问题。

自来水进入家庭的最后一步，就是小区的二次供水设施，如水管、水箱、水泵等。上海不少老旧小区的二次供水设施存在老化问题，这也是市民时不时发现自来水污染的主要原因。不过上海政府早就开始了二次供水改造工程，切实提高居民用水质量。

水是生命之源，优质的自来水关乎每一位居民的健康。每位居民都应该行动起来，保护水源，保护水安全。

32 为什么要把垃圾分类的起点设在每个家庭

场景

刘阿姨每天出门第一件事，就是丢垃圾。她家里就有家庭用分类垃圾桶，几个分好类的垃圾袋提起就能出门，非常方便。到了小区的垃圾回收点，刘阿姨利索地把垃圾分类放好，不由得想起自己刚开始学习垃圾分类时手忙脚乱的样子。她当时非常不解：知道垃圾分类是保护环境的大事，是国家的重要政策。但是对自己而言，垃圾分类前后的生活似乎没什么区别。不仅垃圾处理要费钱费力，而且推进垃圾分类也要费钱费力。如果不做垃圾分类，不是最方便大家的事情吗？或者让更加专业的公司来做垃圾分类，不更好吗？刘阿姨小区的街道办事员知道她的疑惑后，详细地给她解释了一番。

第一，没分类的垃圾量非常大，上海的土地是有限的，当上海的空余土地都填满了垃圾，之后的垃圾何去何从？第二，有害垃圾填埋后会污染土地和水源，焚烧后也会污染大气。第三，垃圾在地表堆放时腐败发酵，产生恶臭的有害气体和垃圾渗滤液，也会污染环境。第四，很多垃圾还具有回收利用的价值，过去简单粗暴的焚烧和填埋方式是资源的浪费。而垃圾分类后，这些问题都迎刃而解。

那么，为什么要把垃圾分类的起点放在家庭，而不是小区或者企业？因为不管是国家还是个人，

分类后的垃圾"变废为宝"

纯粹的不含有水分的干垃圾焚烧每吨发电可达 600～800 度，热值比混合了湿垃圾水分含量高的混合垃圾高近 2 倍。而湿垃圾可以用于堆肥、沼气发电，还能制造生物燃料。可回收垃圾被企业收购回收利用，有害垃圾被专门处理，减少对环境的危害。这样一来，不仅提高了垃圾处理的效率，保护了环境，还有一定经济效益。

做事都要遵循成本最低原则。

垃圾分类最重要的一步，是把湿垃圾分出来，因为湿垃圾会污染其他垃圾，且一旦混合难以分离。如果不在家庭厨房里就把湿垃圾分开，下游的工作人员是很难再分离湿垃圾的。同时，未处理的混合垃圾是一种污染，不仅散发气味，还会滋生细菌蚊蝇。如果垃圾在填埋焚烧的最后一步才处置，那么流程中脏乱的垃圾箱、垃圾中转站、垃圾场又会污染多少地方，谁愿意住在这些地方附近呢？就像企业排污一样，让企业自己把废水废气处理好再排放，远远比让企业直接排污，然后把处理废水废气的钱交给政府治理环境污染要经济有效得多。很多环保问题都适用这个思路：相比末端治理，在前端下功夫往往事半功倍。因此，每家每户做的垃圾分类，都是城市环保不可或缺的一部分，都为城市的干净整洁做出了巨大贡献。

不论什么环境问题，都需要政府、企业和个人通力合作。政府提供方向和引导，民众是实施主体，企业提供平台和技术。上海垃圾分类的成功就是一个三方协作的好案例。在短短一个月内，上海全民参与垃圾分类，创造了许多段子、图片、视频来宣传科普垃圾分类，极大促进了政策落地。

环境是公共的，环境好，每个人都能享受；环境差，每个人都会受害。这意味着环境是所有人的共同财产，我们要像注意自己家的卫生一样注意环境卫生，像保护自己家的财物一样保护环境。我们能生活在怎样的环境中，取决于我们自己！

33 为什么塑料瓶在垃圾分类时会单独集中回收

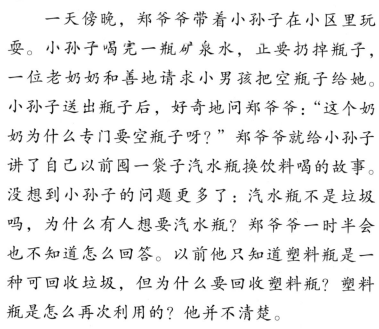

场景

一天傍晚，郑爷爷带着小孙子在小区里玩耍。小孙子喝完一瓶矿泉水，正要扔掉瓶子，一位老奶奶和善地请求小男孩把空瓶子给她。小孙子送出瓶子后，好奇地问郑爷爷："这个奶奶为什么专门要空瓶子呀？"郑爷爷就给小孙子讲了自己以前囤一袋子汽水瓶换饮料喝的故事。没想到小孙子的问题更多了：汽水瓶不是垃圾吗，为什么有人想要汽水瓶？郑爷爷一时半会也不知道怎么回答。以前他只知道塑料瓶是一种可回收垃圾，但为什么要回收塑料瓶？塑料瓶是怎么再次利用的？他并不清楚。

塑料瓶，和纸箱、报纸一样，是我国早期垃圾

饮料瓶　　餐盒　　快递袋

气泡膜　　泡沫箱

可回收物

有回收价值的塑料制品众多

回收利用的主体。一方面，塑料防水、耐用、结构
稳定，自然界难以降解，如果处理不好，就会成为
"白色污染"，污染土壤、淡水和海洋。塑料制品还
会影响动物的生存：海鸥会把水中漂浮的塑料片当
作鱼喂给雏鸟，水獭也会被塑料圈和鱼线套住脖子，
窒息而死。此外，新型污染物"微塑料"也逐渐被
人们所了解。微塑料是指人眼看不见的纳米级塑料
颗粒，这些颗粒部分来源于化妆品等工业用品，部

分来源于塑料制品被风吹日晒降解成的小颗粒。微塑料很容易被浮游生物吃掉，又因为无法消化，只能储存在体内。小鱼吃掉虾米，大鱼吃掉小鱼，大鱼被摆上人的餐桌，微塑料就随着食物链逐级积累，最后被人体摄入，影响人的生命健康。这就是生物富集效应。

反之，如果我们对塑料进行再次加工利用，它就会成为一种可再生资源，不仅预防了污染，减少了垃圾，还能创造经济价值。对于塑料的回收利用，第一步就是垃圾分类。塑料制品众多，具有回收价值的有饮料瓶、餐盒、快递袋、气泡膜、泡沫箱等，其中受污染较少的饮料瓶的资源化价值和回收利用率相对较高。

但不同的塑料制品其成分不一样，回收利用的方式也是不一样的。如果垃圾分类没做好，不同性质的塑料没有分拣开，粉碎混合在一起就不能再利用，变成真正的垃圾。垃圾分类之后，收集好的塑料瓶等通过个体回收商、拾荒者、环卫运输车等集中进入废塑料资源再生工厂，在工厂中进行"回炉重造"。

简单回收和改性回收

废塑料再生利用技术主要分为简单回收和改性回收。简单回收如其名，操作简单直接，对回收的塑料制品进行分类、清洗、切碎等一系列工序后，直接压制成模具，比如建筑中的管道。改性回收则是利用更加复杂的技术，将废塑料分解成新的材料，或者燃烧回收热能。不过塑料焚烧会产生二噁英等致癌物，污染大气，所以专门的污染防治是很必要的。此外，国家正在研发推广可降解塑料，减少塑料带来的污染。

垃圾分类政策的推广提高了废塑料的回收利用率和资源化率。上海在推行垃圾分类后，废塑料年回收量在逐年增长。但要真正将废塑料资源化，不管是技术还是立法和管理，都有着广阔的提升空间。

34 亲近自然，做个合格的"生态旅游"者

场景

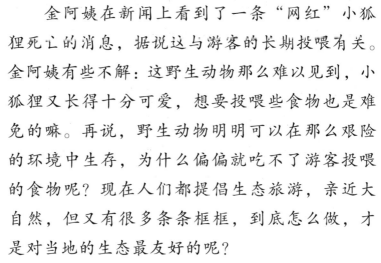

金阿姨在新闻上看到了一条"网红"小狐狸死亡的消息，据说这与游客的长期投喂有关。金阿姨有些不解：这野生动物那么难以见到，小狐狸又长得十分可爱，想要投喂些食物也是难免的嘛。再说，野生动物明明可以在那么艰险的环境中生存，为什么偏偏就吃不了游客投喂的食物呢？现在人们都提倡生态旅游，亲近大自然，但又有很多条条框框，到底怎么做，才是对当地的生态最友好的呢？

近来，生态旅游业兴盛，国人越来越多地前往原本人迹罕至的地区，希望一睹壮美的自然风光。然而，生态旅游固然陶冶情操，但对游客爱护生态

的要求也相应提高。我们离自然更近之后，更应该尽我们所能悉心照料好它。

首先，对于原本存在于自然中的生物，我们应当做到"远观"而不"亵玩"。一方面，我们应尽可能减少对野生生物施加的破坏。一些珍稀植物可能需要漫长的时光，在遇到绝佳的条件时才能开花、结果，因而少数的采摘都可能对它们的种群带来严重的影响。另一方面，我们也不应以缺乏考量的同情心试图为野生动物提供帮助。物竞天择是大自然的法则，在这一过程中，较为弱势的个体更早被淘汰，对整个种群的高质量生存也有帮助，例如患有疫病的个体被捕食能避免整个种群受其传染。不仅如此，我们所希望的帮助时常也是帮了倒忙。许多人认为的美食对于动物而言却是有害的，例如巧克力之于犬科动物。另外，与野生动物过于接近也使它们放松了对人类的警惕，也更乐于到人类密集的地方活动，这对动物与人双方都是潜在的威胁。

在此基础上，我们也应尽可能减少自己对自然的影响，采用对野生生物友好的方式观察它们。不惊吓动物、拍照时尽可能不开闪光灯、不以人为方式吸引动物做出非自然的行为，都是十分必要的。

其次，我们也应尽可能不将非自然的物品留在自然环境中。不随地扔垃圾是最基本的法则。塑料这样的垃圾在自然界中难以降解，而误食塑料，或被人工制品困住导致了海龟等大量动物受到摧残。在我国的青藏高原等地区，已经有一些组织发起了"把垃圾带离自然"的号召。在力所能及的情况下，将自己或他人的垃圾带离自然保护区，也是对生态大有裨益的事。

此外，购买来源可靠的生态农产品、保护区的周边产品，也可能有助于当地人将更多资源投入生态保护。

当个合格的"生态旅游"者

- 对自然中的生物，只"远观"而不"亵玩"。
- 观察野生生物时不开闪光灯、不惊吓它们。
- 自己不乱扔垃圾，把他人的垃圾带离自然。

生态友好的旅游其实并不困难，关键在于我们应该对自然保持敬畏心。我们终究只是在数日之内闯入自然的世界之中，而自然其实原本就有其非凡的力量，我们只需要静静观赏，感受自然之美即可。

35 利用好"15分钟生活圈"内的绿色空间

场景

张大爷和陈阿姨已经在里弄房子里住了几十年。他们两口子和邻居们都喜欢种花养草，但因为弄堂里空间狭小，花盆只能在门口胡乱堆放。最近，随着上海城市更新工作的开展，他们所住的里弄也进入了改造更新名单。社区规划团队先通过问卷调查和座谈会的方式，了解居民的意愿，张大爷两口子也积极提出了意见。许多居民希望能开辟一块地方专门供大家侍弄花草，交流技艺。

几个月后，在团队和居民的齐心协力下，弄堂里原本堆放杂物的角落被改造成了崭新的社区花园。花园"麻雀虽小，五脏俱全"，既有种植观赏植物的花坛，又有居民们的共享小菜地，还有花架供居民们摆放自家的盆栽。就连墙壁都被利用起来，沿墙根种上了攀缘植物。张大爷和陈阿姨每天在花园里走一圈，便觉得神清气爽。就连忙于工作的年轻人也注意到了这个小花园，身处其中，他们直呼"太治愈了"！

2020 年发表在《国际环境健康研究杂志》上的一项研究显示，即使什么都不做，只要在公园里待上 20 分钟，人们的幸福水平就会显著提升。这就是现在很受追捧的"公园 20 分钟效应"。其实在这个概念提出之前，城市中的人们早就发现，与自然亲密接触能够舒缓压力、治愈身心。要让人人都能享受"公园 20 分钟"，城市绿地的可达性是重要前提。

目前，上海已经建成了 400 多座大大小小的城市公园，另外还有 200 多座街心花园，人均公园绿地面积达到了 8.5 平方米，中心城区的绿地格局已经基本成型。用地紧张的当下，大规模"造绿"的时期已经过去，但上海市仍在想方设法"见缝插绿"，提高市民们的幸福指数。争取每位市民走出家门，在 15 分钟内就能到达绿色生态空间。

首先，一个最容易的方法是"破墙透绿"：不新增绿地面积，而是提高现有绿地的使用率。比如，通过拆除公园围墙、免费开放公园、延长公园开放时间等，让市民们能够更容易地进入绿地。喜欢去公园锻炼游玩的朋友们一定已经注意到，近几年世纪公园、上海植物园等市区主要公园都已经变成免费开放了。

其次，"小而美"的社区花园大量新建起来。近年来，上海的社区微更新中，社区花园的建设是重要的一环。在景观设计专业团队的指导下，社区居民全程"共商、共建、共享"，将社区内闲置的空间利用起来，开辟成集园艺种植、休闲放松和生态体验为一体的多功能花园。比如，花园内开辟香草园、可食用植物区等，让居民们在家门口就能感知大自然的丰富多彩；设置雨水净化池、堆肥箱等，让大家体会到生态系统物质循环的奥妙。花园建成后需要长期的维护，这项工作也是由居民志愿者组成团队，轮流承担。

此外，许多现有的社区绿地得到了改造提升。一些社区绿地经过多年使用，存在设施老化、植物缺乏养护、品种单一等问题。进行绿地改造，一方面通过增加便民设施，优化了周围居民的使用体验；一方面可以重新配置绿地植物群落，使之发挥更好的生态效益。例如，在保留原有大树的同时，增加二氧化碳吸收能力强的"高碳汇植物"，践行了"碳中和"理念；减少寿命短的草花，改为种植适应性强的乡土植物以及昆虫、鸟类的食源植物，能够降低绿地的人力养护成本，还可以吸引本土野生动物，增加城市生物多样性，助力人与自然的和谐共生。

36 生态绿道环绕着我们的城市

场景

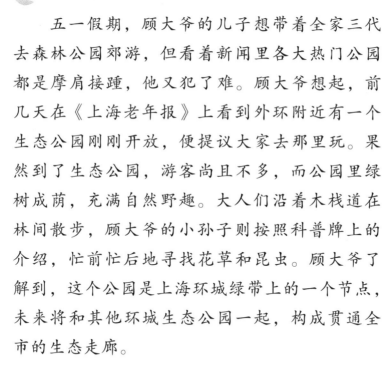

五一假期，顾大爷的儿子想带着全家三代去森林公园郊游，但看着新闻里各大热门公园都是摩肩接踵，他又犯了难。顾大爷想起，前几天在《上海老年报》上看到外环附近有一个生态公园刚刚开放，便提议大家去那里玩。果然到了生态公园，游客尚且不多，而公园里绿树成荫，充满自然野趣。大人们沿着木栈道在林间散步，顾大爷的小孙子则按照科普牌上的介绍，忙前忙后地寻找花草和昆虫。顾大爷了解到，这个公园是上海环城绿带上的一个节点，未来将和其他环城生态公园一起，构成贯通全市的生态走廊。

当我们坐车奔驰在市郊的环城公路上时，常常会被公路两侧高大繁茂的绿色树林吸引视线。四季更替、连绵不断的自然美景不仅缓解了视觉上的疲劳，也常常让人忘了这里是以喧嚣、繁忙著称的上海。

上海环城绿带始建于 1995 年，依外环线两侧而建，全长约 100 千米，平均宽度 500 米。它是上海最大的跨世纪生态工程，在这座寸土寸金的特大城市中创造出了 4 000 余公顷宝贵的绿色空间。历经近 30 年，环城绿带现在已基本建成，对改善城市生态环境、优化城市生态网络布局起着举足轻重的作用。

但是，由于建设时追求迅速，造林树种单一，环城绿带也面临着群落结构过于简单、物种多样性差、易遭受病虫害等问题。

接下来，环城绿带将升级为"环城生态公园带"。如果把绿带比作一条长长的"藤"，那么生态公园就是"藤"上结出的各具特色的"瓜"，使我们的城市变得更加美丽宜居。

在"瓜"长出之前，作为主脉的"藤"先要连贯起来。市政工作者们打通绿带上封闭管理、道路交通、建筑阻隔等障碍，让本来"看得见摸不着"的防护林地，变成人人可进入、人人可享受的空间。这不仅能为市民的徒步、骑行等活动提供更好的体验，也能够为野生动植物的扩散迁徙提供顺畅的通道。

因为地处郊区，周围自然环境保存较好，由外环绿带改造提升而成的环城生态公园，更为注重天然野趣。香樟、水杉等树木与河流湖泊相映成趣，让人们享受到郊野的宁静质朴。

公园建设时，尽量保留了原有的森林结构，减少不必要的人为干扰。比如，只清理长势不好和枯

死的植物，并适当增补一些观赏植物；规划道路时也要为树让路，而不是大刀阔斧地砍伐、移栽。清理出来的死树枯枝，则可以"变废为宝"；将枯枝与含有种子的土壤混合起来，形成有生命潜力的"人工灌木丛"，吸引昆虫等小动物在其中"安家落户"；木材经过防腐处理后，可以铺设成就地取材的林间小径。

作为大都市中难得的生态空间，"环上公园"不仅要满足市民观赏娱乐的需求，还要尊重和考虑到野生动物的需求，兼顾生态功能的发挥。水边高低错落的植物群落，能成为野生动物的天然庇护所；森林中预留小坑小沟存积雨水，为动物们提供水源；保留枯枝落叶不进行清扫，让它们自然分解为森林的养分，使森林的物质循环形成闭环；采用砾石等透水材料铺设路面，加强公园的"海绵"功能。

目前在环城绿带上，徐汇的西岸自然艺术公园、宝山的丰翔智秀公园、浦东的金海湿地公园和唐丰公园等都已经开放。"人民城市人民建"，欢迎大家前去游玩体验，为更多"环上公园"的建设建言献策！

小改变共建大生态

- 打通绿带隔离，市民可游玩，动物可迁徙。

- 预留小坑小沟存积雨水，为动物们提供水源。

- 死树枯枝"变废为宝"，做小路、养灌木。

- 落叶不清扫，让植物自然分解。

37　我们身边的生态乡村建设

场景

吴阿姨退休后，经常和从前要好的同事们一起出游。这天，她们来到郊区的一个生态示范村游玩。只见稻田边的人工湿地里，芦苇、香蒲郁郁葱葱，水杉长于浅水之中，树影水波交相辉映。在大学生志愿者的讲解下，吴阿姨才知道这片"水上森林"可不只有观赏用途，还能够承接农田流出的含化肥农药的污水，进行生物吸收，净化后的水再流入不远处的小河。稻田湿地里久违的虫鸣蛙唱，让吴阿姨不禁回想起了自己的"知青"岁月。

大都市的郊野是一个生产、生活和生态"三生"功能复合的空间。它既是发展农业、振兴乡村的热土，也是城市生态文明与历史文脉的载体。建设美丽乡村，能够为城乡融合发展注入动力。

　　然而，在农业生产高强度使用化肥和农药的今天，乡村也面临着愈发严重的污染问题。农业产生的污染是"面源污染"。它与"点源污染"相对，污染物不是由一个固定的源头（比如排污口）排放的，而是一定范围内到处都在排放。过多的化肥和农药，不仅使农田本身的生态系统失衡、土壤肥力和结构退化，还会随降水、灌溉等流入农田周围的环境造成污染。比如，含大量氮、磷的农业污水未经处理流入河流，会使河流"富营养化"。富营养化作用为藻类提供了原本缺失的养分，造成藻类大爆发，侵占其他水生生物需要的空间和资源，危害整个水生生态系统。

　　近年来，上海已经在黑臭河道治理和绿化建设方面取得了很大的成就。但是在依赖化肥的农业生产方式一时无法改变的当下，对于农业面源污染的治理，仍然没有很好的方法。金山区廊下镇的农林水乡项目，则是治理农业面源污染的一次创新尝试。科研工作者从古代江南农田、湿地、民居融合的生产生活方式中汲取灵感，在稻田周边构建人工湿地降解污染。稻田中的污水流入湿地后，先进入"生态前置库"，使大颗粒的悬浮物自然沉淀。初步处理过的水体在湿地中缓缓流淌，水中的氮磷营养盐在植物、微生物和底泥的联合作用下，逐步被吸收和吸附。最终流出湿地进入河流的水体，已经基本消除了污染。农田、林地与湿地的复合，也为野生动物提供了多样化的生境，鱼类、蛙类、鸟类等"各取所需"，我们记忆中生机勃勃的乡村开始重现。

稻田中的污水流入湿地，被逐步净化

作为"世界级生态岛"的崇明，也正在将生态优势转化为发展优势。提高农业科学技术水平、做强有机农产品、发展苦草和菌菇等的特色种植等，让村民们在资源高效利用的现代农业中获益。村容整治、栽花种草，让村民们的生活环境更加清洁美丽。依托有机农田、森林等生态资源发展民宿等旅游业，全面带动乡村振兴。